北京·城市森林发展创新

北京市发展和改革委员会 编著

中国建筑工业出版社

图书在版编目（CIP）数据

北京·城市森林发展创新 / 北京市发展和改革委员
会编著. — 北京：中国建筑工业出版社，2013.1
ISBN 978-7-112-15209-4

Ⅰ．①北… Ⅱ．①北… Ⅲ．①生态环境建设—研究—
北京市②城市林—生态系统—研究—北京市 Ⅳ.①X321.21
②S731.2

中国版本图书馆CIP数据核字(2013)第071956号

责任编辑：杜　洁
装帧设计：　　工作室
责任校对：姜小莲　陈晶晶

北京·城市森林发展创新

北京市发展和改革委员会　编著

＊

中国建筑工业出版社出版、发行（北京西郊百万庄）

各地新华书店、建筑书店经销

北京雅昌彩色印刷有限公司制版

雅昌印刷厂印刷

＊

开本：880×1230毫米　1/16　印张：14¹/₄　字数：250千字
2013年7月第一版　2013年7月第一次印刷
定价：168.00元
ISBN 978-7-112-15209-4
(23168)

编委会

主编单位：北京市发展和改革委员会

参编单位：北京市工程咨询公司

主任委员：张　工

副主任委员：张建东

委　　员：刘印春　蒋力歌　徐小元　郭俊峰

　　　　　崔小浩　肖辉利　韩力涛　王　玲

　　　　　王建宙　徐凌崴　吴　婷

编　　辑：李　凯　包路林　孔俊杰　杜　洁

　　　　　李纪宏　张晓妍　刘学婧　王铁钢

　　　　　卫　蓝　龚　健　田丽凤　黄文军

序

　　中国是一个历史悠久的文明古国,两千多年前一部伟大著作《道德经》中,明确提出"人法地,地法天,天法道,道法自然",对人与自然的关系,有了一个明确定位。印度伟大诗人泰戈尔在其《净修林》散文中讲到森林与印度文明的关系:森林对于人类文明的发展起了至关重要的作用,人类本质上是大自然,特别是森林之子。如果说远古时期是森林孕育人类文明,那么在当代则要求人类文明要反哺森林。

　　正是适应这种客观要求,后奥运时期的北京提出要大力建设城市森林体系的目标和任务。我认为,北京市当前加快城市森林建设,是时代和历史发展阶段的必然选择。马克思主义创始人在一百多年前就提出一个独具慧眼的命题,即"人类同自然的和解以及人类本身的和解"。科学发展观正是从马克思主义关于人与自然的关系、人与自然的相互作用、人与自然的一致性的基本观点出发,把"自然——社会——人"看成是一个不可分割的有机整体。强调实现经济发展和人口、资源、环境相协调,加强对自然资源的合理开发利用,保护生态环境,从而实现"自然——社会——人"的协调发展。

　　北京建设生态文明,就是要使生态环境质量对人的生理健康和心理健康有明显改善。为此,我们在《北京林业发展战略》中的"一个理念"和"三个转变",实际是北京生态文明建设具体实施方案。例如园名，扬州"个园"就很讲究；额名，苏州"远香堂"以及联对等等，对人的思想有潜移默化作用。又如增大绿化量，在炎炎夏日，无论是在城区还是郊野，绿地系统能吸收大量的太阳辐射热，降低周围的温度；随着绿地面积的增大，增湿降温效应表现逐渐突出。研究证明面积为3公顷，绿化覆盖率为80%左右时，绿地已经表现出较佳的温湿效益，城市中绿化覆盖率越高，热岛效应强度越低。

进入新世纪，城市环境建设的社会福利化趋势不断增强，也就是说，城市管理的成果越来越成为市民的一项社会公共福利。美好环境、林荫气爽、便捷交通、安全水电气热供应，不仅仅是市民生存的基础，而且是市民的公共福利。

新世纪新阶段实现北京新发展，必须深入贯彻党的十八大精神，以及"美丽中国"和"五位一体"思想，把生态文明的建设摆在更加重要位置，在首都发展中突出绿色理念，建设绿色北京。

彭旗涌

2012年12月于北京

前　言

　　森林是人类的摇篮，是人类文明的发祥和传承地，人类的祖先就是在广袤森林中繁衍生息的，即使城市文明出现后，森林仍在人类的生存和发展中起着不可或缺的作用，人类本性中仍然保留着对绿色森林的那份热爱。对于生活在城市中的居民，一方面享受着城市建设发展带来的舒适和便捷，另一方面也面临着空气污染、热岛效应、风沙危害等一系列城市生态环境问题，以至于闲暇时便"逃离"城市，到郊区、农村追寻森林所带来的愉悦享受。曾几何时，家门口或附近有一片森林绿地变成了一种奢望。

　　城市森林的出现，满足了城市居民这种渴望绿色、回归自然的本性需求。作为城市中唯一有生命的基础设施，有人把城市森林形象地比喻为"城市之肺"：它可以吸收二氧化碳、释放氧气、吸附粉尘、增加湿度、调节小气候……从城市文明的角度说，城市森林更是"城市之魂"，它反映了一个城市的品位、格调和形象。没有绿色森林，城市就变成了钢筋、水泥的堆砌物，没有生机、没有活力。

　　近年来，北京市以举办第29届奥运会、国庆60周年等重大活动为契机，在改善城市生态环境，特别是建设城市森林方面，进行了积极的理论探索和大胆的实践尝试，并取得了一定成绩。在建设理念上，更加注重自然生态，更加突出乔木的主体地位；在建设方法上，更加注重各行业、各部门的统筹兼顾，更加注重全过程的统一监管。目前，由新城滨河森林公园、第一道绿化隔离地区郊野公园、城市休闲森林公园三个层次构建的城市森林体系逐步形成，北京城市森林建设取得了跨越式发展。这些工作，既是建设中国特色世界城市的必然选择，也是落实"绿色北京"战略，大幅提高首都生态文明水平和可持续发展能力的重要措施。

党的十八大报告首次提出建设"美丽中国"，"美丽中国"首重生态文明的自然之美。为更好的贯彻落实这一指示精神，与社会各界交流共享北京城市森林的发展理念和实践经验，北京市发展和改革委员会组织编撰了《北京·城市森林发展创新》一书。共分四篇、六章，系统介绍了城市森林的思想渊源、国内外城市森林建设的成功经验以及北京城市森林建设的探索实践，勾勒出了北京生态环境建设的美好明天。本书自酝酿至出版经过多次修改，北京市园林绿化局、北京市水务局、各区县发展改革委、各区县园林绿化局等相关单位以及业内专家协助完成了大量的工作，给予了大力支持，在此一并表示由衷的感谢。鉴于编者水平有限，书中难免有错误和不足之处，敬请读者批评指正。

目 录

BEIJING
URBAN FORESTS DEVELOPMENT
AND INNOVATION

第一篇

城市森林——新时代的战略选择

对于一个城市来说，森林是不可或缺的基础设施，是生态文明的重要标志[1]。发展城市森林是提升城市生态功能、实现城市可持续发展的重要途径。北京自古以来山环水绕，与绿色森林相依相伴。改革开放后，北京城市化进程加速，城市功能不断升级，人民生活水平逐步提高，城市面貌日新月异，城市建设发展取得了世人瞩目的成就。我们在惊叹辉煌成就的同时，也对与高速发展相伴的高昂代价有着越来越清醒的认识：过于追求经济增长和城市规模必然会导致资源匮乏和环境恶化，人口与资源、环境之间的关系日益紧张。缓解人口与资源、环境之间的矛盾，发展城市森林，让森林走进城市，提升城市绿色品质，是北京城市建设和发展过程中的必然战略选择。

第一章 城市森林的由来

中华民族几千年的悠久历史文化，对城市森林建设有着深刻的影响，传统儒家文化的"天人合一"思想就是将人类社会和自然环境看成一个统一的系统，强调人与自然、人类文化与自然环境之间的相互交融，追求人类生活自然清新的气息与优美和谐的韵律。到了近现代，随着城市人口的急剧增长，环境污染和资源匮乏等城市发展过程中各种问题的出现，理论家和思想家们为追寻理想的城市生活而孜孜以求，提出了各种各样的城市发展理论。如钱学森先生指出，21世纪的中国城市应该是集城市园林与城市森林为一体的"山水城市"[2]。可见，从中国古代的古典园林思想到近现代的田园城市、生态城市理论，城市森林的思想渊源是非常丰富的。这些理论无不聚焦于人类生活环境的改善，为当代城市森林建设发展提供了理论支撑。因此，系统梳理城市森林的思想和理论渊源，学习和借鉴其中有价值的内容，对当今的城市森林建设实践具有重要指导意义。

一、城市森林的思想渊源

（一）古典园林中的城市森林思想

尽管城市森林这一名词是20世纪中期才出现的，但城市森林思想

[1] 国家林业局宣传办公室. 发展城市森林，打造低碳城市——第七届中国城市森林论坛文集. 中国林业出版社，2010.
[2] 傅礼铭.钱学森山水城市思想及其研究[J]. 西安交通大学学报（社会科学版），2005（03）.

确是古已有之，而且非常丰富，对当代城市森林的发展有着深刻的意义和深远的影响。早在三千年前的商周时代，就有了宫廷苑、囿等形式，形成了中国园林文化的源头，对城市森林的建设发展也提供了有益的思考和借鉴。

重视居住环境的绿化是中华民族的传统，在秦汉时期山水园林建设就已初具规模。西汉政论家贾山上书给汉文帝的《至言》中记载："秦为驰道于天下，道广五十步，树以青松。"可见秦时已有行道树了。另据史书记载，秦代甘泉苑周围五百多里广种各类奇树花草。在西汉时期，上林苑内有大量人工栽植树木，见于记载的有松、柏、桐、梓、桃、李、杏和枣等，种类逾三千。晋代文学家左思《吴都赋》载："驰道如砥，树以青槐，亘以禄水"，说明晋代不仅在道旁植槐，还附以水渠供灌溉，这比秦汉又近了一步。南朝建康（今南京）还"积石种树为山"，即已开始堆土山种树了，说明1500多年前我们的祖先就已开始注意到模仿自然群落的景观进行人工园林建设了。

唐代更是在长安大街两侧和排水沟边都栽榆、槐等树木，长安城东南的曲江池，林木茂盛，烟水明媚，长安的水道边遍植柳树，诗句"宫松叶叶墙头出，渠柳条条水面齐"勾画出水木相依的和谐景象。

北宋东京汴梁城（现河南开封）中心天街中为御道，侧为行道，之间有御沟分隔，沟内"尽植莲荷，近岸植桃、李、梨、杏，杂花相间"，一般街道则柳、槐、榆、椿行列路侧。在张择端的《清明上河图》中，我们不仅能领略到北宋东京熙熙攘攘的都市风光，还能看到当时汴梁城街道宽阔整洁、路旁树木葱郁的景象，一些庭院百花盛开，环境幽雅。这表明北宋时期人们不但十分重视城市环境绿化，而且园林设计理念和规划技术非常发达。文豪苏东坡更是放言"少年颇知种树，手植数万株"，他在杭州为官时带领民众筑堤植树，传为佳话。现今，杭州有一处美景——"苏堤春晓"，是对其最好的铭记。

明太祖朱元璋曾在南京设漆园、桐园，以示提倡植树。在朱元璋推行一系列振兴社会经济文化措施中，就有植树造林一项。"凡农民田五亩至十亩者，栽桑麻木棉半亩，十亩以上者倍之"[3]，对利用空地植树的实行免税，而对完不成植树任务者惩罚，对砍伐树木者治罪。

清代更加重视植树和绿化，清朝初期，清政府要求地方官员劝谕

[3] 吴晓晴.略论朱元璋的安养生息经济政策. 南京师大学报（社会科学版），1983（04）.

图1-1 《清明上河图》（局部）（引自《清明上河》）

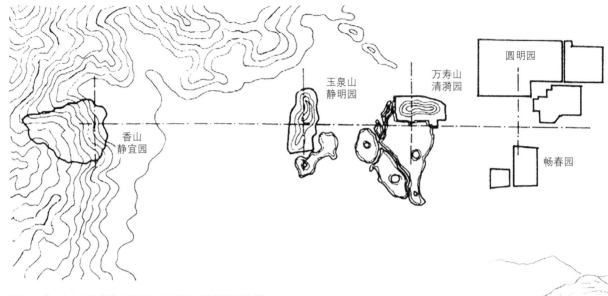

图1-2 "三山五园"整体布局示意图（引自《中外造园艺术》）

百姓植树，禁止随意采伐，力减牛羊践踏及盗窃之害。清朝的官道宽数十丈，多植行道树。清代不仅在城内植树，还要求两城之间注意绿化带连接，其园林花木更是布局合理，意趣无穷。清代的皇家园林技法精湛、恢弘大气。北京著名的"三山五园"（玉泉山、香山、万寿山以及畅春园、圆明园、静明园、静宜园、清漪园）皇家园林体系，在全盛时期，园林连绵二十余里，蔚为壮观。

图1-3 北京圆明园

　　不仅如此，中国古代的园林建设与文化传承也是密不可分的，人们以园林寄托和抒发某种精神和品质，把文化寓于山水园林之间，形成了博大精深的园林文化。不管是气势恢宏的皇家园林，还是玲珑别致的私家园林，几乎所有的古代园林随处可见各

图1-4 北京颐和园

图1-5 绍兴兰亭

种牌匾和对联，以文字来表达某种情怀和追求。晋代著名的书法家王羲之正是在翠竹山水环绕之间挥毫泼墨，给后人留下了不朽佳作《兰亭序》；宋代学者周敦颐在《爱莲说》里留下了绝世名句"出淤泥而不染"，以荷花寄托自己的精神追求；苏东坡在《于潜僧绿筠轩》中有名句："宁可食无肉，不可居无竹；无肉令人瘦，无竹令人俗；人瘦尚可肥，士俗不可医"，以竹来表明自己的节操。在中国古代，这种以物寄思的传世佳话比比皆是，将园林建设变得更加深邃、寓意丰富。

（二）近代城市发展中的城市森林思想

近代的西方社会发展了很多有关城市规划方面的理论。为缓解城市功能过分集中所产生的弊病，芬兰建筑师伊利尔·沙里宁在1942年出版的《城市：它的发展、衰败和未来》中，提出了关于城市发展及其布局结构的有机疏散理论，把扩大的城市范围划分为不同的集中点所使用的区域，这种区域又可分为不同活动所需要的地段。

有机疏散的城市发展方式能使人们居住在一个兼具城乡优点的环境中。沙里宁认为城市如细胞一样是有机的，城市的内部秩序和生命体的内部秩序类似，如果发展过快或过量，就会打乱系统秩序，因此要进行有机疏散。有机疏散理论的精髓就是把城市无秩序的集中变为有秩序的分散，把密集的城市区域分散成一个个的集镇，形成"多核区域"，各区域相对独立，彼此之间以大片的绿化带或河流间隔，不仅分散了城市人口，减缓了旧城区压

芬兰（Finland）大赫尔辛基（Greater Helsinki）的分散方案，1918年沙里宁设计

大底特律（Greater Detroit）的分散方案，1933～1934年 匡溪艺术学院学生：华尔德·P·黑凯。导师：沙里宁

大哈特福德（Greater Harford）的分散方案，1983年匡溪艺术学院学生：勃拉德福·狄尔耐。导师：沙里宁

希腊雅典（Athens）与庇拉于斯（Piraens）分散方案，1940年 匡溪艺术学院学生：克里斯朵佛·契梅尔斯。导师：沙里宁

力，而且充分利用了自然资源，使城市规划建设与大自然融为一体。

图1-6 沙里宁的有机疏散理论的案例

有机疏散理论认为，不但重工业不应布置在城市中心，轻工业也应该疏散出去。城市中心地区由于工业外迁而腾出的大面积土地，应该用来增加绿化，通过绿化的分割作用，完善城市的整体功能。在这一点上，有机疏散理论与城市森林建设理念是一致的，就是建设大尺度的城市森林，从而提升整个城市的生态功能。

（三）生态城市理论中的城市森林思想

生态城市的概念是在上世纪70年代联合国教科文组织发起的"人与生物圈"（MAB）计划中提出的。关于生态城市的说法众说纷纭，至今还没有公认的确切的定义。前苏联生态学家杨尼斯基认为生态城市是一种理想城模式，其中技术与自然充分融合，人的创造力和生产力得到最大限度的发挥，而居民的身心健康和环境质量得到最大限度保护。

图1-7 经济、社会、生态有机融合的"生态城市"建设理念（北京西郊玉泉山全景）

图1-8 佛罗伦萨阿诺河畔

生态城市理论认为，城市是以人为主体的生态系统，是一个由社会、经济和自然三个子系统构成的复合生态系统。一个理想的生态城市应该是结构合理、功能高效、关系协调的城市生态系统。结构合理是指适度的人口密度、合理的土地利用、良好的环境质量、充足的绿化总量、完善的基础设施、有效的自然保护；功能高效是指资源的优化配置、物力的经济投入、人力的充分发挥、物流的畅通有序、信息流的快速便捷；关系协调是指人和自然协调、社会关系协调、城乡协调、资源利用和资源更新协调、环境胁迫和环境承载力协调。概言之生态城市应该是环境清洁优美，生活健康舒适，人尽其才，物尽其用，地尽其力，人和自然协调发展，生态良性循环的城市[4]。

[4] 董宪军.生态城市论.中国社会科学出版社，2002.

"生态城市"作为对传统的以工业文明为核心的城市化运动的反思、扬弃，体现了工业化、城市化与现代文明的交融与协调，是人类自觉克服"城市病"、从灰色文明走向绿色文明的伟大创新。它在本质上适应了城市可持续发展的内在要求，标志着城市由传统的唯经济增长模式向经济、社会、生态有机融合的复合发展模式的转变。它体现了城市发展理念中传统的人本主义向理性的人本主义的转变，反映出城市在认识与处理人与自然、人与人关系上取得新的突破，使城市发展不仅仅追求物质形态的发展，更追求文化上、精神上的进步，更加注重人与人、人与社会、人与自然之间的紧密联系。

从城市森林建设的实质来看，它是建设生态城市不可或缺的部分。以城市森林为主体的城市绿化，可为植物和动物提供适当的栖息环境，为提高生物物种的丰富度创造有利条件，是对在城市建设过程中被破坏的自然界生物多样性的一种恢复和挽救，使生态城市的能量流动和物质循环过程更趋复杂和完善，促进城市生态系统的协调发展。

二、城市森林概念的提出

对于"城市森林"的概念，国内外专家和学者从不同角度有不同的界定，并对城市森林的基本构成要素进行了分析讨论。尽管对城市森林的界定各有特色，但有一点却是共同的：点缀于城市各区域之间的草坪、林木在营造城市绿色空间、美化视觉效果和改善局部生态环境方面起着一定的作用，但对于城市大环境的改善作用有限，必须在城市及其周边建设以森林为主体的绿色地带。至于以森林为主体的绿色地带包括那些具体内容，学者们仁者见仁，智者见智，可以从各国城市森林发展实践中得到不同的解读。

1962年，美国政府在《户外游憩资源调查报告》中首次使用了"城市森林"（Urban Forest）这一概念。1965年，加拿大多伦多大学教授埃里克·乔根森（Erik Jorgensen）首次明确提出"城市林业"（Urban Forestry）的概念。此后，城市森林作为一个后起的概念得到了世人的广泛认可，各国相继开展了城市森林培育、经营研究以及各具特色的城市森林建设发展实践。

（一）国内外学者的研究

美国对城市森林的研究比较早，戈布斯特尔（Gobster）把城市森林定义为"城市内及人口密集的聚居区域周围所有木本植物及与其相伴的植物，是一系列街区林分的总和"[5]。Miller认为，城市森林是人类密集居住区内及周围所有植被的总和，它的范围涉及市郊小社区直至大都市。该定义最有代表性，在国际上影响也较大[6]。

[5] Gobster P H. Urban Savanna: reuniting ecological preference and function. Restoration and Management Notes. Vol.9, Iss.3-4, 1994.

[6] Robert W. Miller. Urban Forestry Revisited [J]. Unasylva.1996.

图1-9 城市森林将城市与森林有机结合（海淀区八家郊野公园）

20世纪80年代，城市森林概念引入国内，至今已经有数十年。有众多学者给城市森林下过定义，并各有侧重。中国台湾的高清教授认为城市森林研究的范围包括："庭园木的建造，行道树的建造，都市绿化造林与都市范围内风景林与水源涵养林的营造"[7]。有学者认为城市森林是指在城市及其周围生长的以乔灌木为主体的绿色植物，包括市区的道路绿化、公园、绿地、近郊和远郊的森林公园、风景名胜、果林、防护林、水源涵养林等[8]。也有学者认为"城市森林是指城市范围内与城市关系密切的，以林木为主体，包括花草、野生动物、微生物组成的生物群落及其中的建筑设施，包含公园、街头和单位绿地、垂直绿化、行道树、疏林草坪、片林、林带、花圃、苗圃、果园、菜地、农田、草地、水域等绿地"[9]。还有学者认为城市森林可理解为生长在城市（包括市郊）的对所在环境有明显改善作用的林地及相关植被。它是具有一定规模、以林木为主体，包括各种类型的森林植物（乔、灌、藤、竹、层外植物、草本植物和水生植物等）、栽培植物和生活在其间的动物（禽、兽、昆虫等）、微生物以及它们赖以生存的气候与土壤等自然因素的总称[10]。王成等认为，城市森林广义上是指在城市地域内以改善城市生态环境为主，促进人与自然协调，满足社会发展需求，由以树木为主体的植被及其所处的人文自然环境所构成的森林生态系统，是城市生态系统的重要组成部分；狭义上是指城市地域内的林木总和[11]。

从上述国内外学者的定义可以看出，城市森林概念的界定分歧主要反映为三个方面：一是植被类型，是所有植物，还是以乔木为主；二是地域范围，仅包括城市市区，还是包括城市市区的周边区域；三是生态意义，是仅强调自然环境的改善作用，还是也要把生态价值和人文景观价值包括进去。总体来看，城市森林的内涵随着城市建设发展实践而不断扩展和深化：从最初的一定地域、一定规模的木本植物，扩展到行道树、公园、街道游园、住宅区的所有树木，再扩展到人类密集居住区内及周围所有植被的总和，这反映了人类对于自身与环境关系的认识在不断深化。随着近几年我国城市居民越来越热衷于森林游憩，追求生活品质，城市森林游憩功能的研究日益引起学者们的注意，成为研究热点，从而使得城市森林

[7] 高清. 都市森林[M]. 台北: 编译出版社, 1984.
[8] 粟娟, 孙冰, 钟丰, 陈明仪. 广州市城市森林的格局[J]. 广东园林. 1996, 2.
[9] 王木林, 缪荣兴. 城市森林的成分及其类型[J]. 林业科学研究. 1997, 10 (5): 531-536.
[10] 刘殿芳. 城市的绿色饥荒[J]. 绿色与生活, 1999 (04).
[11] 王成, 蔡春菊, 陶康华. 城市森林的概念、范围及其研究[J]. 世界林业研究, 2004, 17 (2).

图1-10 休闲的城市森林
（延庆新城滨河森林公园）

的内涵更加丰富多彩。

（二）城市森林的基本特征

尽管城市森林的概念仍处于不断发展和完善中，但从人与资源、环境相和谐的角度出发，我们认为城市森林应有别于传统意义上的城市绿化和美化，应从更接近自然、更广阔的空间和更显著的生态功能的意义上来理解城市森林，而不是仅仅将植物作为陪衬和点缀。城市森林是从全局高度，运用系统的方法而建成的追求生物多样性的生态型绿地，以缓解城市化进程给生态环境带来的压力。它具有以下基本特征：

范围上，既包括城市的建成区，也包括近郊区和远郊区，强调城区、近郊和远郊森林的结合；

构成上，以乔木为主，同时包括灌木及其林下的草本、动物、微生物及其所处的人文自然环境；

功能上，以发挥生态效益为主，兼顾景观效益和社会效益，满足城市社会发展需求，促进城市功能的优化，即促进城市生态环境和人文环境的可持续发展，提升居民生活质量；

规模和覆盖率上，根据森林本身的内涵要求，城市森林应有一定的规模和足够的覆盖度。

图1-11 大尺度的城市森林（延庆新城滨河森林公园）

[12] 刘常富，李海梅，何兴元
等.城市森林概念探析.生态学
杂志.2003，22（5）：146-49.

综上所述，城市森林是指在城市及其周边范围内以乔木为主体，达到一定的规模和覆盖度，能对周围环境产生重要影响，并能够促进城市功能发挥，具有明显的生态价值和人文景观价值等的各种生物和非生物的综合体[12]。

第二章 北京发展城市森林的现实之选

进入21世纪以来，北京市经济社会实现跨越式发展，城市服务功能显著提升，百年奥运梦想圆满实现，国际影响力进一步提升。但与所有大城市一样，北京在每天创造大量财富的同时，也面临着人口膨胀、资源紧缺、环境污染的巨大压力，居民对城市环境的需求也逐渐升级，城市公共服务与管理面临着考验。加强绿化建设和生态修复，发展城市森林，建设绿色北京，既是受资源环境约束下的客观要求，也是加快转变发展方式，建设中国特色世界城市的现实之选。

一、经济社会发展对生态环境提出了新需求

奥运会成功举办以后，北京的城市发展站在了一个新的历史起点

上。2008年，北京市GDP突破了1万亿元人民币，2011年，北京市GDP超过1.6万亿元，人均GDP逾1.2万美元。

在城市基础设施建设方面，交通、能源等常规基础设施的建设，因其成果最直观，也最易感受得到，最能直接反映GDP增速而备受重视。随着北京人口规模的不断增长，北京市生态承载力已处于持续超载状况，因此急需转变过去低效高耗的生产模式，实现人口结构和产业结构的优化，减少为维持庞大人口规模的生存和发展而造成的生态环境压力。

城市森林建设能够更好地促进、改善城市的生态环境，缓解热岛效应，改善空气质量，是实现可持续发展的重要措施。北京市各级政府在城市建设中，认真总结改革开放30多年的经验和教训，在实施"绿色奥运"和落实以人为本、人与自然和谐相处的科学发展观的实践中，越来越清醒地认识到衡量城市发展水平需要多因素综合考量，尤其是城市森林作为城市中唯一有生命的基础设施，兼具生态、经济、景观、文化、应急避险等多种功能，是宜居城市最显著的标志，是建设繁荣舒适现代化城市的必备条件，加快城市森林建设已经成为全面提高城市发展品位的重要内容[13]。

[13] 王成，彭镇华，陶康华.中国城市森林的特点及发展思考[J]. 生态学杂志，2004（03）.

而且，随着城市经济社会发展水平的不断提高，人口素质的不断提升，群众更加关注城市环境，越来越渴望舒适而美好的环境质量，城市建设的方向逐渐从关注城市交通、能源设施的供给向城市环境设施的供给转变。为居民提供更舒适、更绿色、大尺度的城市绿地，不仅在于提高生态功能，还要满足城市居民的游憩、娱乐、身心健康等方面越来越多的需求，从宏观布局、树种选择、植物配置、管理方式等各个环节充分体现生态文化、休闲健身、景观美学等多种服务功能。由于森林系统具有比草坪更丰富的城市绿色景观和文化品位，尤其是乔灌草结合的合理配置，能够提供更好的生态和景观环境，因此需要多种树木，多培育有结构的、多层次的森林绿地，发挥城市森林的多功能作用，使城市森林的生态效益、社会效益和景观效益都能得到体现，促进城市绿化功能从园林景观向生态景观和生态休闲转变。

二、人口资源环境压力下的理念创新

新中国成立初期，北京市常住人口420万人，1978年为849.7万人。改革开放以来，特别是上世纪90年代后，流动人口大量增加，北京的人口开始大量增长，到2010年，人口规模已达到1961.2万人。1978年至2010年间，平均每年增加33.7万人；而2001年至2010年，平均每年增加约60万人，超过了一个中等城市，人口规模增长呈加速态势。根据北京市统计局《2011年国民经济和社会发展统计公报》，到2011年底，全市的常住人口已经达到2018万人。根据目前的发展趋势，在今后一段时间内，北京的人口仍将保持增长态势。

人口规模的迅速膨胀严重考验着北京市的区域承载能力，给资

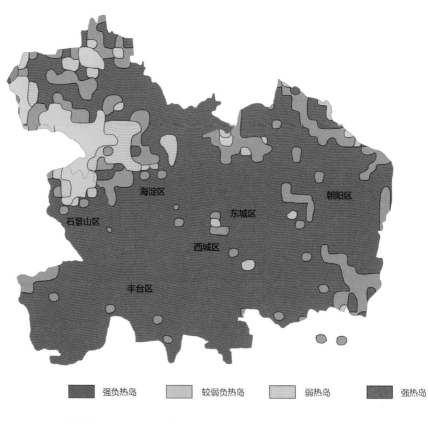

图2-1 北京城六区热岛强度分布图（2010年7月）

图2-1注（热岛强度：反映城区温度与郊区温度的差异程度，弱热岛等级表示城区较郊区地表温度高2.5~4.5℃，较强热岛等级表示城区较郊区高4.5~6.5℃，强热岛等级表示城区较郊区高6.5℃以上。图片来源：北京市气象局气候中心）

源、环境、交通带来了沉重压力，成为可持续发展面临的最大挑战。尤其是土地资源、水资源的供需矛盾将更加突出。土地是人类经济社会活动的载体，也是绿化建设的首要条件。北京人均土地占有量不到全国平均水平的1/5[14]，随着城市的快速发展，各类公共设施建设和生产性建设用地需求急剧增加，居民生活用地需求越来越大，基本生态用地保障越来越困难。同时，北京也是世界上严重缺水的大城市之一，多年来人均水资源量不足300立方米，仅为世界平均水平的3%。1999年迄今，北京遭遇了1949年以来持续时间最长、旱情最严重的干旱期，年平均降雨量减少两成，可利用水资源量减少48%。2011年，北京市水资源总量为26.8亿立方米，全年用水量36亿立方米，缺口巨大。城市用水、农业用水与生态用水之间的矛盾日益突出，生态用地、生态用水供给严重不足，成为制约北京市园林绿化发展的重要瓶颈。

在城市快速发展时期，绿化建设与经济发展往往存在矛盾，特别是在城市中心区，土地资源高度紧张，2011年底，城六区人均绿地面积只有9.4平方米，人均公共绿地只有4.6平方米[15]。另一方面，由于人均绿地面积减少，城市热岛效应难以有效缓解，尤其在夏季，城市热岛效应明显，城区与郊区温度相差较大。从北京市气候中心2010年7月的北京市城六区热岛强度分布图显示来看，除了海淀西部、石景山北部、朝阳等少部分区域以外，其余地区的热岛强度均达到了强热岛或较强热岛[16]。

目前，可持续发展已成为人类共同的理念和目标。提高城市生态承载力已经成为实施可持续发展战略的重要途径，城市生态承载力系统是"资源-环境-人口-社会经济"相互耦合的复杂系统[17]。北京迫切需要加大生态环境建设，扩展城市森林范围，通过城市森林建设更好地促进、改善城市的生态环境，缓解热岛效应，改善空气质量，实现可持续发展，从更大尺度上缓解人口资源环境压力。

三、建设中国特色世界城市的必然选择

1889年，德国学者哥瑟第一次使用"世界城市"一词描述当时的罗马和巴黎在世界城市群中的影响力和重要地位。此后，世界城市属性

[14] 景体华主编.中国首都经济发展报告[M].北京：社会科学文献出版社，2007：335-354.

[15] 北京统计年鉴（2012）.
[16] 北京六城区形成强热岛——大部分平原地表温超48℃.环球网．china.huanqiu.com/roll/2010-07/908055.html.

[17] 张林波.城市生态承载力理论与方法研究——以深圳为例[M].中国环境科学出版社，2009.

图2-2 纽约中央公园

的研究受到各国学者的重视。目前，学术界对英国地理学家、规划师彼得·霍尔1966年提出的解释认可程度较高：世界城市是指那些已对全世界或大多数国家发生全球性经济、政治、文化影响的国际第一流大城市。具体来说，世界城市是全球政治经济系统的中枢或组织节点，是在世界政治、经济、文化领域掌控全部或部分控制权的城市，是具有国际意义战略资源的聚集和配置中心，是一个国家（或地区）参与国际政治、经济和社会分工的重要载体。目前，公认的世界城市有三个，分别是纽约、伦敦和东京。从这三个城市的建设发展情况来看，其经济发展水平、政治影响程度、基础设施建设水平，特别是自然环境和社会人文环境等方面在世界上都是首屈一指的。这些城市建设发展的实践经验对北京建设中国特色世界城市提供有益的启示，将对北京社会经济发展方式、城市管理模式、城乡一体化、区域协调发展、生态环境建设等方面具有借鉴作用。

《北京城市总体规划（2004—2020年）》提出：按照国家实现现代化建设战略目标的总体部署，第一阶段，全面推进首都各项工作，努力在全国率先基本实现现代化，构建现代国际城市的基本构架；第二阶段，到2020年左右，力争全面实现现代化，确立具有鲜明特色的现代国际城市的地位；第三阶段，到2050年左右，建设成为经济、社会、生态全面协调可持续发展的城市，进入世界城市行列。2010年

图2-3　天龙寺庭园（引自《造园书系——日本景观设计师户田芳树》）

11月，中共北京市委十届八次全会提出"加快向中国特色世界城市迈进"的总体要求，《北京市国民经济和社会发展第十二个五年规划纲要》明确把加快推进中国特色世界城市建设确定为十二五期间的重要任务。

　　城市规模扩大、人口膨胀、生态环境压力加大，是世界城市发展的一个共同特点。世界城市不仅有发达的交通和通信基础设施，还要具有良好宜居的城市生态环境，吸引国际集团进驻及国际高端人才居住、就业。世界城市虽然都不是国际最宜居城市，但在城市发展后期都非常重视城市环境建设。建设生态结构合理、生态服务功能高效的城市森林，推动城市生态环境建设，已成为世界城市发展的新潮流[18]。从建设世界城市的高度来看，北京与纽约、伦敦和东京等公认的世界城市相比尚存在不小的差距，尤其是在城市生态环境方面差距更为明显。目前北京市人均公共绿地少，约为14.5平方米，低于伦敦的30平方米，巴黎的24.7平方米，尤其是缺乏像伦敦海德公园、纽约中央公

[18] 江泽慧. 加快城市森林建设走生态化城市发展道路[J]. 中国城市林业, 2003（01）.

园这样的大尺度城市绿化空间。北京急需通过发展大规模的城市森林体系，改善城市生态环境，创造良好的人居环境，支撑中国特色世界城市建设。

四、首都城市空间布局优化完善的重要支撑

新中国成立初期，北京市建成区面积只有84平方公里左右，至2011年底，已达到约1290平方公里，增加了14倍，在城市整体扩张的同时产生了一系列生态环境问题。如建成区向周边扩展迅速，严重挤占了城市外围绿色空间，不仅加剧了城市热岛效应与城市大气环境污染，也是造成城市交通拥堵、城市功能过于集中的主要原因。

图2-4 城市森林具有优化城市布局的功能（房山新城滨河森林公园）

　　《北京城市总体规划（2004—2020年）》提出"两轴两带多中心"的发展策略，建设11个新城，形成中心城−新城−镇的市域城镇结构，通过新城建设疏解中心城人口和功能。而随着北京城市的发展，城市南部地区相对较为落后，2009年，北京市提出了《促进城市南部地区加快发展行动计划》，力争使该地区相对滞后的发展面貌得到改观。"十二五"时期，北京市又提出未来五年构建"两城两带六高四新"的创新和产业发展格局，城市功能和空间布局不断得到优化调整。城市森林的建设着眼于整个市域范围内生态系统的保护和完善，在解决中心城生态建设的同时，更好地解决城市边缘地区生态环境与城市扩展之间的关系，能够限制城区的无序扩展，引导城市空间合理化、有序化扩展，对城市发展起到生态隔离带的作用，确保城市总体规划提出的"分散集

[19] 欧阳志云，王如松等，北京市环城绿化隔离带生态规划 [J]. 生态学报，2005.25（5）.

团式"城市格局[19]的形成。同时，通过城市森林的建设，能够以自然过程引导土地开发与城市布局，改善城市景观格局，维护城市的生态安全，引导中心城区社会、教育和医疗资源向新城转移，疏散人口，缓解交通压力，优化产业空间布局，使城市为绿色所环绕，促进城乡格局一体化的形成。

北京市在新城建设中，按照环境先行的城市建设新理念，在新城开发建设之初，率先规划建设大尺度的滨河森林公园，构建新城环境框架，促进高标准高起点高水平新城建设，也是通过城市森林建设理念来优化城市空间布局的成功实践。

五、改善民生让市民共享发展成果的新途径

经济发展了，如何让市民感同身受，共享发展成果，是摆在城市管理者面前的一个重要问题。从国外成功经验看，大力发展城市绿化，特别是建设城市森林是一项重要途径。在城市中特别是在市民的身边建设城市森林，既可以让市民亲身感觉到北京经济的快速发展，又可以从改善市民生活环境和满足市民生态休闲活动需求两方面切实改善民生。从生态角度看，城市森林在改善城市生态环境、调节小气候等生态功能

图2-5 生态与休闲相结合的设计
（房山新城滨河森林公园）

图2-6　碧水连天的城市森林（房山新城滨河森林公园）

[20] 韩运波, 梁乃文, 陈洁. 林业在生态环境建设中的主体作用[J]. 黑龙江科技信息, 2009 (14).

[21] 周生贤.全球生态危机与中国林业跨越式发展[J].中国林业, 2001 (11).

上具有无与伦比的效果。据相关研究测算：一棵大树一年可以贮存一辆汽车行驶16公里所排放的污染物，滞尘226.8公斤；有树木的城市街道比没有树木的城市街道大气中含病菌量少80%左右；一公顷林地与裸地相比，可以多储水3000立方米[20]，一万亩森林的蓄水能力相当于蓄水量100万立方米的水库[21]；当城市绿化面积达到50%以上时，大气中的污染物可得到有效控制。从市民休闲需求看，根据有关机构对北京市民郊区出游的调查显示，决定人们选择出行目的地的因素依次是自然风景、交通、服务态度、文化氛围等，说明市民最喜欢到自然生态良好的郊区旅游，反映出人们渴望亲近自然、回归自然的心态。建设城市森林，尤其是通过大尺度规划、自然化配置乔灌花草等建设形式，可以模拟还原出自然生态景观，就近满足市民日益增长的生态休闲活动需求。同时，通过增加步行绿道、骑行绿道等简单设施，还可以进一步丰富城市森林的功能，满足市民多层次、多选择的休闲活动需求。

图2-7　城市森林中的休闲生活（房山新城滨河森林公园）

BEIJING
URBAN FORESTS DEVELOPMENT
AND INNOVATION

第二篇

他山之石——国内外成功经验的借鉴

建设城市森林是体现世界城市现代化水平和宜居化程度的重要标志。第9届世界林业大会墨西哥宣言提出："人类必须是主导者，人类的利益应该是发展的主要目标，而居住在林中及森林周围的人口进步应当是优先发展的方向。"历史上，纽约、伦敦、东京等国际大都市都经历了大规模的城市生态体系建设，营造了大面积的城市森林，取得了良好的效益。早在20世纪中叶，北京目前面临的如人口过度密集、环境严重污染、交通拥挤、住房紧张、绿地不足等棘手问题，也曾在这些城市出现过，后经长期的治理，尤其是大力发展城市森林，这些大都市的人居环境才大为改观，取得了世人瞩目的成就。这些国际化大都市在城市森林建设、提升城市环境方面的经验，对于北京的城市森林建设无疑具有重要的参考价值。

第三章 国内外城市森林的发展

一、欧美发达国家城市森林建设取得了显著成效

城市森林的概念产生于北美，以美国为代表的北美国家在城市森林的发展中处于领先地位。欧洲受其自身历史文化、自然条件以及北美城市森林思想的影响，近些年城市森林也得到了长足的发展。日本在经历了20世纪50-60年代环境"公害"后，痛定思痛，经过几十年的环境建设，城市森林建设也达到了很高的水平，已成为亚洲绿化最好的国家之一。

（一）美国纽约

西方国家在快速城市化过程中暴露出众多的城市问题，20世纪60年代环境危机频繁出现，环境问题备受世人瞩目，改善城市环境的呼声日益高涨。1962年，美国海洋生物学家卡尔逊的著作《寂静的春天》出版。在这本书中，作者以大量事实论证了工业污染对地球上生命形式包括人类自身的损害。此书在社会上引起极大的反响，同时也引起了政府部门对城市环境问题的高度关注。美国总统肯尼迪非常欣赏此书，并向联合国提出建议，将次年即1963年定为国际自然保护年。在对环境危机进行深刻反思后，人们逐渐意识到，在人口增长、生产力高速发展的条件下，必须自觉遵守自然规律，协调人与森林、人与自然的关系，一些有识之士甚至发出了"人类与森林共存"的呐喊，从而推动了城市森林理念的诞生。

图3-1 纽约中央公园（1）

　　1967年，美国农业和自然资源教育委员会出版《草地和树木在我们周围》一书，从科学的角度阐明现代生活方式与城市生态环境之间的关系和相互影响。1968年，美国游憩和自然美学居民咨询委员会向美国总统提交了关于城市和城镇树木计划报告，主张鼓励研究城市树木问题，在种植和培育城市树木及发展林木培育的联合管理方面，政府提供财政和技术上的帮助，当时的总统接受了这个建议[22]，标志着城市森林在美国得到官方认可。1972年美国林业工作者协会设立城市林业组，组织研究城市森林和有关学科。随后，国会通过了《城市森林法》，这是世界上第一部针对城市森林而制订的法律，规定了美国农业部协助州政府对城市区域内的树木管理与保护提供技术及资金的援助，并对城市森林的管理、预算投入、人才培养和培训、科学研究、森林监测等主要事项进行了规范，城市森林在美国获得法律地位。1978年，美国国会制订了《合作森林资助法》，其中第六部分是发展城市森林，对城市森林管理、病虫害防治、森林防火等予以资助，联邦政府授权树木栽培协会对州林业工作者提供经济和技术援助。同年，国际树木栽培协会成立了城市林业委员会。通过一系列的法律，美国正式将城市森林纳入农业部林务局管理，解决市民植树技术和资金方

[22] Robert W. Miller.Urban Forestry Planning and Managing Urban Greenspace [M]. 2nd ed. New Jersey: Prentice Hall,1997.

图3-2 纽约中央公园（2）

31

图3-3 纽约中央公园 (3)

图3-4 纽约中央公园 (4)

面的困难。1990年美国农业部建立林业基金专户,用于保证城市森林计划的顺利实施,同时还成立了全国性的城市和社区森林改进委员会,拨专款促进城市森林计划的实施。

图3-5 纽约中央公园 (5)

　　1991年，美国国会通过了由老布什总统提出的一个为期10年的全国性植树造林计划——美国美景（America the Beautiful），其目标是在全美的每一个村落、城镇、城市种植和增加树木。该法案将城市林业资金从1990年的270万美元提高到1993年的2500万美元；同时成立了一个由农业部部长任命的、由15人组成的国家城市和社区林业咨询委员会（NUCFAC）；建立国家树木信托基金（NTT），目的是：动员志愿者组织、提高公众对树木及其效益的认识、提供资金、联合市民与企业支持当地的植树造林和城市森林教育计划。

图3-6 纽约中央公园（6）

NUCFAC 于1993年完成了全国城市和社区林业战略规划拟定工作，1994年3月完成了实施该规划的计划设计任务。为了加强NUCFAC、国家林务员、非营利组织、市政和其他专业组织之间的协作，美国林务局提出了"未来城市和社区林业发展：构建健康生态系统，创建充满活力社区"的战略指导意见，系统阐述了城市森林建设面临的问题和机遇，并提出了城市树冠覆盖率发展目标，例如密西西比河以东及太平洋东沿岸的城市地区，全地区平均树冠覆盖率40％，郊区居住区50％，城市居住区25％，市中心商业区15％；西南及西部干旱地区，全地区平均树冠覆盖率25％，郊区居住区35％，城市居住区18％，市中心商业区9％。这个意见成为美国从1995年至2005年十年城市森林建设的指导性文件。根据美国农业部林务局对48个大陆州的首次城市森林资源评估结果表明[23]，大城市区和城区平均林木覆盖率分别为33.4％和27.1％，与全美48个大陆州的平均林木覆盖率32.8％非常接近。这说明两点：其

[23] Dwyer J.F., Nowak D.J., Noble M.H., Sisinni S.M.. Connecting People with Ecosystem in the 21st Century [M]. U.S. Dept of Agriculture, 2000.

图3-7 纽约中央公园布局图

图3-8 纽约中央公园区位图

图3-9 纽约中央公园（7）

图3-10 纽约中央公园（8）

图3-11 纽约中央公园（9）

图3-12 纽约中央公园 (10)

一，城市化的过程中可以保证较高的林木覆盖率；其二，这种相对均衡的城市森林覆盖率使美国的城市生态比较均质化，为美国人口从东北、中西部向南部和西部迁移提供了良好的环境条件。

加里·莫尔（Gary Moll）将美国的城市森林划分为4个部分，从城市中心向外依次为：市中心商业区的树木，城市边缘高密度的住宅区，近郊住宅区，郊区的残留片林[24]。在美国，城市和社区森林是由行道树、广场绿化、片林、机关绿化、城市公园、运动场、庭院花园、高速公路绿化等组成的，其来源有三：（1）历史上保留的天然森林；（2）人工种植的林地；（3）天然或人工栽植树木所繁衍的后代[25]。

纽约的城市森林建设比较有代表性。纽约的城区有11574公顷绿地，占城区土地的15%。在纽约最繁华的曼哈顿地区，有两处按自然环境营造的大型公共公园，两者加起来相当于6个北京故宫的面积。为了用森林涵养水源，纽约市制定了土地购买计划，允许纽约市环境保护部门购买近郊两大河流流域的林地，以便更好地保护水质。

提到纽约的森林公园，就一定会说到纽约中央公园。中央公园始建于19世纪50年代，一百多年的发展见证了城市中保留这样一片绿地的不易和重要。曾经有人这样高度地评价中央公园说："凡是看到、感觉

[24] Gary Moll.Designing the Ecologic City. American Forests,1989.95(2):61-64

[25] Dreistatdt S. H., Dahlsten D.L., Frankie G.W.. Urban Forests and in sect ecology [J]. Bioscienc,1990.40(3):192-198.

到和利用到中央公园的人，都会感到这块不动产的价值，它对城市的贡献是无法估计的。"纽约中央公园位于第五大道至第八大道，59街至110街之间，长4000米，宽800米，面积约3.4平方公里。公园的设计风格受到当时英国田园风光的影响，起伏的地势、大片的草地、树丛和孤立木，在此基础上加上池塘、小溪和一些人工水景，如瀑布、喷泉、小桥等，形成了一种以开朗为基调的多变景观。公园中水域面积很大，水道长达93公里，不仅为市民提供活动空间，定期举办模型船比赛，同时也成为鸟类与动物的栖息场所，在纽约这个超大规模的城市中营造了人与动物、人与自然和谐相处的景象。随着时代的发展，在不破坏中央公园的风貌和功能的情况下，逐渐丰富了一些文化休闲设施，如中央公园动物园、戴拉寇特剧院、毕士达喷泉、绵羊草原、草莓园等。现如今，每天有成千上万的市民与游客在此观光游览，中央公园为身处闹市中的人们提供了休闲场所和宁静的精神家园。

（二）加拿大温哥华

加拿大作为美国的邻邦，自城市森林理念提出后，非常重视城市森林的研究、实践与交流。

1965年加拿大多伦多大学埃里克·乔根森（Erik Jorgensen）教授在森林生态讲座中首先提出了城市林业概念并率先开设城市林业课程，此举立即得到美国林业工作者的响应，并广泛应用到对树木的培育和管理中。1978年全美第一次国家城市林业会议在华盛顿特区召开，加拿大也派代表积极参加，会议取得了圆满成功，会议不仅成为美国城市林业发展的里程碑，而且促进了美国、加拿大城市林业研究人员、基层工作者以及相关团体之间的交流，掀起了城市林业发展的第一次高潮。1979年，加拿大建立了第一个城市森林咨询处，其主要职责是研究、回答城市森林的有关问题，这标志着发达国家已开始应用城市林业的理论来指导城市建设和改造。1980年，加拿大魁北克林业技术学院开设城市森林课；1981 年加拿大创办《城市林业》杂志。1993年，加拿大林学会组织召开了第一次城市林业会议，对多年来城市林业建设、发展等有关问题进行总结研究。

加拿大非常重视利用城市化地区森林资源为人们提供休闲游憩场所。例如，加拿大温哥华山地森林游憩步道的设计充分吸纳了登山客的建议，既考虑森林保护、安全管理的需要，又满足登山者的登山探幽、回归自然的需求。同时，结合不同类型人群的特点和兴趣爱好，依托森林、湿地自然环境，规划建设自然科普和生态道

图3-13 温哥华斯坦利公园

德教育场所，使居民在游憩中潜移默化地得到科普知识，养成爱护环境的习惯。

温哥华的斯坦利公园也是城市森林领域的杰作。斯坦利公园距温哥华市中心10多分钟车程，总面积约为400公顷，几乎占据了整个温哥华市北端。斯坦利公园北临巴拉德湾（Burrard Inlet），西临英国湾，是北美地区最大的市内公园。斯坦利公园人工景物极少，以红杉等针叶树

图3-14 温哥华滨河绿地（1）

图3-15　温哥华滨河绿地（2）

木为主的原始森林是公园最知名的美景。公园的环岛道路还是游人散步和自行车爱好者的天堂，公园中的网球场和高尔夫球场是喜爱运动的温哥华市民经常光顾的地方。在斯坦利公园中，除了常可看到的浣熊，还有一座动物园和温哥华水族馆。建于1956年的该水族馆是加拿大最大的水族馆，水族馆还会为儿童举办关于环保和保护动物的教育性节目，寓教于乐，很受儿童和家长的欢迎。在斯坦利公园，人们可以一边感受森林的自然气息，一边享受城市的便捷生活，可以说，斯坦利公园就是温哥华宜居的代表和象征。

（三）英国伦敦

　　英国历史上有较长的封建贵族统治时期，大部分城市周边都保留有属于私人领地的森林，如庄园、狩猎场等。英国在城市美化、绿化方面有着悠久的历史，其美化、绿化的理论和实践随着城市规划理论的发展而不断创新，后来出现的空地运动及自然主义的景观设计思想促进了城市森林理念的萌芽。1820年，英国的欧文（Robert Owen）提出了"花园城"的概念，倡导花园城镇运动。19世纪美国最伟大的散文家华盛顿　欧文在19世纪早期游历英国后曾经写过一篇《英国的农村生活》的散文："没有任何景物能比英国公园壮丽的景色更吸引人。广阔的草地就像一块鲜明的绿毯伸展开来，到处都是巨树丛林，它们聚成一簇簇丰厚的树叶；矮树林壮观严肃的盛景，林中空地，有鹿群静静地走过；野兔跳进藏身之所，或是雉鸟突然振翅高飞；小溪流顺

图3-16 伦敦圣詹姆斯公园（1）

图3-17 伦敦圣詹姆斯公园（2）

着天然曲折的道路蜿蜒前行或延展成平镜般的湖泊：退隐的水塘映出颤动的树影，黄叶静静地躺在塘心，鳟鱼无惧地悠游于清水中；而一些乡间的庙宇及森林中的雕像，则因时间长远的原因变绿阴湿，给这种隐蔽蒙上了一层古典淡雅的气氛。"这是多么引人入胜和令人向往的境地！1898年，英国社会学家霍华德（Ebenezer Howard）发表了《明日的田园城市》，提出了对后世产生深远影响的城市规划模式，他强调在城市周围应保留永久性绿带，包括农业生产所需的永久性绿地，让城市中心和周围都处在绿色田野的环抱中，以控制城市的盲目发展。1922年，英国建筑师雷蒙德·昂温（Ramond Unwnin）提出"卫星城"理论，建议用绿带将大城市圈住，并将原居住在绿带的人口疏散到绿带以外的卫星城市中去，这一思想曾在1907年汉普斯特德（Hampstead）的规划中得到了实施。上述理论与设想对以后的城市森林建设与发展都产生了不同程度的影响。受此影响，英国早在1938年就颁布了绿带法。该法规定：在伦敦市周围保留宽13～24公里的绿带，在此范围内不准建工厂和住宅。这也是城市森林思想萌芽的体现。

[26] Konijnendijk C.C., Randrup T.B., Nilsson, K. Urban Forestry Research in Europe: An Overview [J]. Journal of Arboriculture,2000.26(3):152-161

[27] Johnston M. The Early Development of Urban Forestry in Britain: Part 1[J]. Journal of Arboriculture,1997(21):107-126

[28] 曹扶生. 打造上海的"绿色名片"——伦敦绿化发展及对上海的启示[J].上海综合经济,2003 (3) : 48-50.

[29] 张庆费,乔平,杨文悦.伦敦绿地发展特征分析[J]. 中国园林,2003 (10) : 50-58.

[30] 李吉跃,刘德良.中外城市林业对比研究[M].北京：中国环境科学出版社,2007.

20世纪七八十年代，对城市绿地的树木方面有兴趣的研究者通过研究访问和会议等学术活动，了解到北美有关城市林业的概念及研究状况，景观建筑师特别是森林工作者率先接受了城市林业的概念并应用到研究与实践中[26]。1983年，英国举行了第一届城市林业研讨会，深入研究城市林业在城市发展中的作用。20世纪80年代中期以后，大量的国外城市林业文献被介绍到英国，同时英美两国相关领域的科研人员的学术交流不断加强，一些新的城市森林建设的理念开始在英国得到实践，一些城镇开始实行城市林业的发展项目。1987年9月，伦敦实施"伦敦森林"（The Forest of London）计划，目的不单是植树，而是通过对城市森林功能的研究和宣传，提高市民对林木和消除环境污染之间的关系的认识。这项计划对英国城市林业的影响极大，此后英国许多城市开始在城市边缘地带兴建社区森林。1988年后英国普遍承认并接受了"城市林业"（Urban forestry）这一名词[27]。

英国伦敦在城市森林建设方面取得了较好的成就。目前，伦敦人均公园绿地面积超过25平方米，绿地和水面占据了伦敦2/3地表，其中大约1/3是私家花园，1/3是公园，其他1/3是草地、林地和河流[28]，这使得伦敦成为公认的"绿色城市"和"最适宜居住的城市"，其绿色框架，如环城绿带、开敞空间网络、人行道和运动休闲设施等，被国际社会所推崇。

伦敦城市森林注重规划建设不同层次、类型的绿地，组成科学合理的绿地系统。绿地规划综合考虑绿地率、人均公园绿地面积，绿地空间布局、位置、满足市民需求的功能、绿地的可达性等因素。大伦敦地区明确规定每千人4英亩（约1.6公顷），1/4英里（约400米）之内应有一块绿地，该绿地能满足市民游玩、户外散步的需要，并具有一定的自然保育、景观培育功能，这些理念和做法对世界城市绿地规划具有示范性意义。

总体上，伦敦绿地数量规模大，绿地率高。住宅、道路、停车场、建筑物等硬质地面占36%，而软质地面占64%，其中居住区花园占19.3%、公园占7.8%、农地占6.7%、运动场地占5%、草地和灌丛占3.7% [29]。城区大型绿地比例大，大于20公顷的大型绿地占绿地总面积的65%（表3-1），城区中心拥有海德公园、肯辛顿公园、圣·詹姆斯公园、格林公园、维多利亚公园等大型公园[30]。

伦敦公园的数量、面积和规模特征

表3-1

公园类型	面积等级（公顷）	数量（个）	比例（%）	面积（公顷）	比例（%）
小游园	<2	776	45.52	649.6	4.05
社区公园	2—20	746	43.5	4910.80	30.58
区级公园	20—60	132	7.7	4332.90	26.98
市级公园	>60	61	3.56	6164.00	38.39
合计		1715	100	19057.30	100

伦敦绿地的分级系统

表3-2

类型	面积（公顷）	服务半径（公里）	类型	面积（公顷）	服务半径（公里）
区域性公园	>400	3.2—8.0	小区级公园	>2	0.4
市级公园	>60	≥3.2	小型公园	<2	<0.4
区级公园	>20	1.2	带状公园	不确定	各处均适宜

图3-18 伦敦邱园

　　在绿地规划中，伦敦顺着大气的风向建设带状绿地，保证了城市的风道畅通，把郊区的清新空气引入城市，有效地降低了市中心的热岛效应。这些为数众多的公园、林地、环城绿带呈楔入式分布，居住楼和居住小区之间以软质地面分割，居住区绿地具有高度连接性，并与街道绿地融为一体，通过绿楔、绿廊和河道等，将城市各级绿地连成完整的绿色网络。绿带呈楔入式分布，促进市区与郊区空气的交换，改善城市地区的小气候状况；同时，提供大伦敦最主要的野生生物生境，为动植物提供了有价值的栖息地，对伦敦自然保育具有重要意义，也为伦敦市民提供了大量的接近自然的机会。

　　环城绿带是伦敦绿色空间的重要特征，也是推动世界建设城市环城绿带的最成功典范。环城绿带概念是1938年制定的《环城绿带法》确定的，20世纪50年代英国内阁同意实施。根据1997年英国全面调查的数据，英国经由规划确认的环城绿带共有14个，覆盖面积达到165万英亩（约66.8万公顷），大约占国土面积的13%。其中，伦敦的环城绿带平均宽度为8000米，最宽处达到30000米，在大伦敦范围内超过90000英亩（36450公顷），占大伦敦面积的23%和大都市绿带的15%，其中83%对公众开放。

图3-19 伦敦肯星顿公园（1）

图3-20 伦敦肯星顿公园（2）

图3-21 伦敦肯星顿公园（3）

（四）俄罗斯莫斯科

俄罗斯城市森林的发达有其自然地理的优势，也有政策法规和文化等方面的影响。前苏联时期，城市建设一开始就考虑到森林的配置，法律规定，城市周围必须有绿化带，让森林环抱城市。前苏联政府还规定，每一居民占有的郊区森林面积为：小城市50平方米，中等城市100平方米，大城市200平方米。为此，很多城市在郊区都辟有大片的森林公园，每个公园占地多在300～500公顷。同时，城市森林建设的快速进展也与城市居民对森林、树木的热爱和法规得到良好的贯彻密不可分。第二次世界大战时，在列宁格勒（今圣彼得堡）保卫战期间，纳粹德国将列宁格勒围困了900天，冬天的时候，列宁格勒的居民宁愿挨冻，也没人砍树取暖。俄罗斯人对森林、树木的热爱由此可见一斑。在俄罗斯，城市森林的管理也近乎自然，极少人为雕琢。管理人员主要的职责是对靠近路边的地带进行低强度的修剪和管护，他们把落叶扫进林地，使树木处于自然生长状态。

莫斯科是俄罗斯的首都，位于奥卡河与伏尔加河之间，城区散布在七个山丘上，有"森林中的首都"的美誉，人均拥有绿地30多平方

图3-22 莫斯科街头绿地（1）

图3-23 莫斯科街头绿地（2）

米。在近百年的城市绿化建设中，始终围绕着环状楔形绿地结构进行不断的补充和完善。城市外围保护带宽度为20～40公里，其间拥有郊野森林公园近30个，以"绿楔"形式伸向城区，与市区的公园、花园和林荫道等连接。莫斯科城区规模为1081平方公里，与北京中心城区1097平方公里相当。莫斯科地区森林覆盖率高达40%以上。在莫斯科建设城市森林的过程中，非常注重打造城市林和市郊林的规划体系。1935年莫斯科市政府批准了第一个市政建设总体规划，规划要求在城市用地外围建立10公里宽的"森林公园带"；1960年调整城市边界时扩大为10～15公里宽，北部最宽处达28公里；1971年则采用环状、楔状相结合的绿地系统布局模式，将城市分隔为多中心结构[31]。目前莫斯科有11个天然林区、84个公园、720个街道公园、100个街心公园，并将城市公园与周围的森林公园相连，构成莫斯科城市森林的基本格局。

在列宁山上远眺，莫斯科城的主色调是绿色。最为常见的绿化树种是椴树、白桦、欧洲赤松、橡树等非常普通的乡土树种。高大的乔木构成了城市绿色的主体，整个城市掩映在树木之中。莫斯科城市森林空间的均匀分布，为整个城市的生态环境提供了坚实的保障。由于城市绿化工作进展迅速，绿化面积不断增加，一些濒临灭绝的动物又有了栖身

[31] 顾仲阳.森林让城市更美好——我国推进城市森林建设综述[N].人民日报,2011-06-07.

图3-24 莫斯科红场街头绿地（1）

之地。

　　莫斯科的独到之处在于，城郊拥有大面积的森林公园。200年前彼得大帝就在莫斯科郊外建立依兹马依洛夫森林保护区，在周围保留了大面积的森林，20世纪30年代，莫斯科把其周围50公里范围的森林纳入具有特殊

图3-25 莫斯科红场街头绿地（2）

图3-26 莫斯科比茨维斯基森林公园（1）

意义的森林类型，成为城市森林的最主要构成部分。其中位于莫斯科的马鹿岛国家森林公园面积达1.2万公顷，1/3在城区，2/3在城郊结合部，园区距克里姆林宫围墙最近的距离仅为8公里，最远的为32公里，包括6个功能区，拥有许多珍贵的野生动植物。此外，莫斯科的城市森林建设注重文化品位，融科研、科普为一体，城市森林也是城市生态教育的基地。

图3-27 莫斯科比茨维斯基森林公园（2）

（五）日本东京

提到当今世界上森林发达的国家，不能不提日本。日本的城市森林具有相当大的规模，尤其是首都东京，虽然人口高度密集，用地极其紧张，用寸土寸金形容毫不为过，但其绿化率却达到了一半以上。

日本国土面积狭小，地震、台风等自然灾害频繁，很早以前就有利用森林抗灾防灾的意识。在经历了第二次世界大战的大破坏和对环境公害的反思后，日本从20世纪50年代开始在大城市周围营建城市森林，六、七十年代掀起了城市绿化高潮，在城市周围建立了以环境保护与森林游憩为主要目的的森林，如生活环境保护林、自然休养林、都市林、县民林、市民林、儿童林、纪念林等各种类型的城市森林。

在日本有关种树、爱树的教育与活动深入人心。1968年起，日本开展了"青年之山"的活动，在青少年中宣传绿化，1975年以后"绿化少年队"每年都在增加，全国一级的绿化中心和都道府县一级的绿化中心经常从事于爱林教育和植树造林指导活动。从1976年起，日本每年9～10月举行一次育树节活动，而且植树

图3-28　东京街头绿地

图3-29　东京上野公园（1）

图3-30 东京上野公园（2）

风俗独特，花样众多，许多县都有自己的县花、县树。如长野县规定，1980年1月份起，凡新婚夫妇都要在指定地点营造新婚林，每对夫妇要种五、六棵幼树。所植的树，都挂上写有新人姓名和结婚日期的标牌，村政府在现场为他们拍摄结婚照片。此后的第五年、第十年、第二十五年和第五十年，村政府将给他们举行"木婚"、"锡婚"、"银婚"和"金婚"的纪念仪式，赠送纪念礼品，50年内不准砍伐。

　　1990年日本政府提出"森林城"建设设想，并成立研讨委员会，日本的城市森林体现出林园一体化的特点，包括市区园林和郊区绿化，从城市森林隶属关系和管理形式上，可分为公共绿地、共同绿地和私人绿地等，强调城市的近郊森林及自然公园的建设，全国森林的1/5位于城市的周围。1994年日本制定了以实现21世纪"绿色文化"为目标的《绿化政策大纲》，提出到21世纪初，将日本建成拥有与欧美发达国家相一致的绿化质量，为人民创造由丰实的绿色组成的全新的生活环境。为实现这一目标，具体举措之一就是将现在道路、公园等公共设施的绿化水平提高两倍。

日本土地少，可谓寸土寸金，但政府经常购买郊区的土地建成绿色的保护区，这些保护区被称为"市民的森林"。另外，日本城市建设部门从环境保护出发，结合城市居民游览休息需要，提出在郊区建立大规模公园，分为广域公园（占地50公顷）和休养游览城两种。休养游览城设于特大城市，交通干道1小时可到达的地区，按每50万人口配备1个，面积1000公顷，一日最大容量为10万人次。

日本首都大东京地区，尽管人口密度大，但总体上绿地平均覆盖率为64.5%（包括草地），中心地区为12.1%～17.3%。东京的城市森林主要由行道树、公园树木以及近郊的林地三部分构成。

根据所有权和相关法律规定，东京绿地可以分为都市公园系统绿地和非都市公园系统的绿地。其中都市公园系统是基于《都市公园法》所设置的，由市政府所有、管理和设置，包括住区基干公园、都市基干公园、特殊公园、广域公园、休闲都市、国营公园、缓冲绿地、都市绿地以及绿道（表3-3）。非都市公园系统的绿地所有权和设置主体比较复杂，主要为地方团体和个人所有。

[32] 许浩. 日本东京都绿地分析及其与我国城市绿地的比较研究[J]. 国外城市规划, 2005, 20（6）：27-30.

东京都市绿地系统的分类[32]

表3-3

种类		面积（公顷）	服务半径（公里）
住区基干公园	街区公园	0.25	0.25
	近郊公园	0.2	0.5
	地区公园	4	1
都市基干公园	综合公园	10～50	市区
	运动公园	15～75	市区
特殊公园			市区
广域公园		>50	跨行政区
休闲公园		>1000	都市圈
国营公园		>300	跨县级行政区
缓冲公园			
都市公园		>0.1	
绿道		宽10～20米	

由于土地稀缺，屋顶种树成为东京城市绿化的一道迷人风景。走在东京街头，经常会意外地发现，一些高高的屋顶上种着树木，给没有生命的钢筋水泥建筑平添了几分生气。位于东京中央区的圣路加国际医院在6层平台营造了一片占地达2000平方米的"空中森林"，患者或访客常常到此处休憩，呼吸一下新鲜空气，还能听听林中小鸟的叫声，对病人恢复健康的好处不言而喻。新宿区的第一日本印刷公司总部大楼屋顶也有这样一片树林，公司职员们平时午休都喜欢在树下聚会，吃点东西，或者小睡片刻。"空中森林"的建设不仅仅出于美化市容的考虑，更多的是为了保护都市环境、降低热岛效应。

东京，无论是繁华大街还是偏僻小巷，无论是中心城区还是郊区，街道两旁树木林立、花红草绿，园林绿地郁郁葱葱、植被森林枝繁叶茂。漫步在大街小巷，除了沥青路面、人行街道，就是绿地和树木，看不见泥土和灰尘。日本是国土绿化面积较大的国家之一，东京作为日本首都，城市绿化率在世界各大都市中也名列前茅。这既归功于政府的财政支持，也得益于东京人的绿色情结。

二、国内城市森林理论实践不断深化

近年来，随着我国城市化进程的加快，以及国内外城市生态建设经验交流的日趋深入，国内的一些专家、地方政府逐渐意识到森林作为"城市之肺"，对改善城市生态环境，提高城市人口生活质量有着不可替代的作用，生态化城市的建设已经成为世界城市发展的潮流，作为生态化城市建设的重要内容，城市森林的建设引起了国内的广泛关注，并列入政府议事日程。进入21世纪，倡导"让森林走进城市，让城市拥抱森林"成为保护城市生态环境，提升城市形象和竞争力，推进区域经济持续健康发展的新理念。为了更好地传播城市森林理念，提升城市森林在城市建设中的地位和作用，2004年，由全国绿化委员会等单位发起的中国城市森林论坛正式创立，论坛每年举办一届，目前已经举办了八届。中国城市森林论坛的影响力不断扩大，备受党和国家领导人高度关注，日益成为国际城市森林建设领域中的高层论坛。作为一个交流平台，该论坛已成为城市市长、绿化工作者、专家学者沟通的桥梁，通过论坛，大家发表观点、交流经验，丰富了我国城市森林建设理论，为我国城市森林建设实践提供了理论指导和实际经验。

在2012年第九届中国城市森林论坛上，中共中央政治局委员、全国政协副主席、关注森林活动组委会主任王刚同志指出，要始终致力于推动生态文明建设，坚持节约资源和保护环境的基本国策，积极倡导建设以低碳排放为特征的生产方式、生活方式和消费模式，积极探索发展绿色经济的有效途径，开展国土绿化和森林保护活动，努力推进资源节约型、环境友好型社会建设。要始终致力于改善人民群众生活环境，大力推进身边增绿行动，积极推动城市、乡镇、村庄、校园的绿化美化，努力创造更多优质的公共生态产品，营造更加美好的生产生活环境，使生态建设成果真正惠及广大人民群众。当前，全国已对城市森林建设形成了比较统一的认识：城市森林是现代林业建设的重要领域，是城市生态建设的主体；发展城市森林、建设森林城市，已经成为落实科学发展观和生态文明建设的生动实践，有利于提高城市生态承载力和推动绿色增长、改善人居环境和提升民生福祉，对于全面推进我国经济可持续发展具有不可替代的作用。与会者强调，要把城市森林建设与加快转变经济发展方式、发展林业经济、增加农民收入结合起来，进一步增进全社会的共识，努力使生态环境保护、建设森林城市成为全社会的自觉行动。

毋庸讳言，我国城市森林的建设与国外发达国家和地区相比还有着一定的差距，但值得肯定的是，各级政府和社会各界对城市森林重要性的认识正在不断深化，关于与我国国情相适应的城市森林理论和技术的研究也在不断深入，各地方政府根据自身城市特点学习运用城市森林理论和技术的能力在不断增强。上海、广州等国内一线大城市，根据各自森林资源的禀赋条件，城市森林建设各具特色并取得了积极成果。不远的将来，我国的城市森林建设会迎头赶上，缩小与发达国家和地区的差距。

（一）上海

上海全市面积为6340平方公里，由于自然地理原因，几乎没有山地，自然森林资源较少。2000年，上海森林覆盖率仅为9%，在全国各省市区中排在最末位。由于人多地少的限制，依靠中心城区的绿色空间提高城市生态环境质量有其局限性。所以，要改善上海城市的生态环境，必须拓展城市的绿色空间，将城市森林纳入城市绿地系统建设之中。上海"城市森林"规划是上海城市建设思想不断深化的产物。进入新世纪后，上海郊区农业结构调整回旋余地加大，为上海酝酿城市森林计划提供了有利条件。

为了提升上海的生态环境质量，2003年上海市政府制定并颁布了《上海城市森林规划》。按照规划，上海城市绿色生态建设将由城区的绿化、新城的园林化，向

图3-31 上海静安公园

整体生态层面的"森林化"方向发展。结合上海林、水体系现状和中心城公共绿地系统布局结构，上海城市森林将以大型片林为核心，以森林廊道为脉络，形成"两环十六廊、三带十九片"空间布局结构。"两环"，是指在郊区环线两侧、外环线外侧形成500米宽的道路林带；"十六廊"是指在十六条高速公路和主要河流两侧形成不同宽度的森林景观生态廊道；"三带"是指沿崇明岛、横沙岛－长兴岛、杭州湾形成1000米至1500米宽的沿海防护林带；"十九片"是指由面积在20平方公里以上的19个大型骨干片林形成分布均衡、布局合理的生态景观片林。到2020年，上海市森林面积将达到2300平方公里以上，森林覆盖率达到

35%以上，市民在郊区随处可见大型片林，佘山自然森林、黄浦江水质涵养林、嘉定片林、东平森林等将成为上海城市森林的"名片"。据生态研究人员估算，到2020年上海城市森林基本成型后，一年可固定大气中二氧化碳总量1120多万吨，从而维持大气圈的碳氧平衡，还可大大减轻城市化地区过量的热负荷，缓解城市热岛效应。森林还可分泌多种杀菌物质，产生多量负离子，起到吸声和防尘作用。建设城市森林是上海世界级城市目标的内涵深化，相对于城区内密密的高楼大厦，林网地带就是"对生活本质的回归"。

图3-32 上海世博园绿地

在城市森林的营造方面，上海市改变过去主要靠农民自发地在"四旁"种树的方式，制定了一系列森林建设扶持政策，财政投入增加，社会造林踊跃，上海的城市森林开始走向规模化、工程化、社会化、多样化，并探索出"以林养林、以房养林、以项目养林"的运行机制。例如上海以"房产＋绿化"闻名的绿地集团已取得闵行区浦江镇万亩林地的建设权，在基本成林之后，将以此为背景开发低密度的高级"森林房产"。

上海市在城市地区围绕黄浦江两岸、苏州河沿岸以及延安路主干道沿线等区域建设数块大型公共绿地，打造绿色生态景观大道，此外，在桃浦、三林塘、张家浜等区域建设楔形绿地。

经过多年的建设，上海已建成杨浦共青、松江佘山、崇明东平、奉贤海湾、滨江等多处城市森林公园。以上海滨江森林公园为例，公园面积约300公顷，是上海市近年来建设的最大近郊森林公园，也是从水路进入上海的门户景观。公园建设基地位于上海浦东新区高桥镇高沙滩，是在具有20年历史的三岔港苗圃的基础上精心打造而来的，在"自然-生态-野趣，保护-创新-发展"的建设主题下，充分体现森林公园的野趣和自然风貌。公园占据上海独一无二的"三水并流"（黄浦江、长江、东海汇聚）的地理位置，分布着自然森林景观群落、滨江湿地生态系统，并且是日出和日落的最佳观赏点。公园中杜鹃园面积约10公顷，面积和规模是上海杜鹃园之最。园内地势起伏，溪、谷、坡、林相互交叉，构成极具自然野趣的环境。

近年来，由于上海市政府的高度重视和人民的热心配合与参与，上海的城市森林建设取得了突飞猛进的发展。城市森林扮靓了申城，净化了申城，也活跃了申城，上海市正在慢慢变为一个"天蓝、地绿、水清"的生态宜居城市，实现城市的可持续发展[33]。

[33] 罗丽华.上海城市森林建设及其经济效益分析[J].上海房地，2003（60）：40-42.

（二）广州

广州总面积7434平方公里，自古就是"青山半入城、六脉皆通海"，拥有山、水、城、田、海的自然生态格局和丰富的地形地貌。广州市把建设国家森林城市作为建设生态城市，优化城市环境，巩固区域中心城市地位，树立现代化大都市形象的举措，实施"森林围城、森林进城"战略，推进生态文明建设。先后实施了"青山绿地、碧水蓝天"工程、"迎亚运森林城市建设行动计划"等城乡生态绿化重点项目建设，通过建设道路林带、绿化隔离带、城市公园、森林公园、生态公益林、工业防护林、农田林网、新农村绿化等，形成以

"林带＋林区＋园林"的绿化模式。在城市中心保留绿心，以各类绿带作为生态廊桥，连接中心城区的园林绿地和城郊的森林绿地，形成"点成片、线成带、面成区"的格局，力求将城市自然生态环境与岭南文化景观有机结合。 实现"山上山下统筹、农村城市并举、平原沿海兼顾"的林业发展战略转变，基本形成了覆盖城乡，网络化、立体化、群落化，多效益、多色彩、多层次、多结构的城市森林生态体系。到2010年，广州全市林木绿化率达45％以上，建成区绿化覆盖率达40％以上，人均公共绿地面积达15平方米以上[34]。

[34] 张育文.发挥林业在建设生态文明中的主体作用[R]. 第五届中国城市森林论坛,2008.

2008年3月，广州启动的《青山绿地 碧水蓝天——迎亚运森林城市建设行动计划》，围绕城市主要出入口、城市主干道沿线、亚运场馆周边等三类重点地段实施七大绿化工程：一是城市绿色走廊建设工程；二是城市主要出入口景观节点工程；三是平原湿地河网绿化体系工程；四是城市周边生态经济林区工程；五是城郊森林公园工程；六是山地休憩林和乡村风水林工程；七是绿化生态景观标示系统工程。

通过重点建设南部的地铁四号线、南沙港快线、京珠高速公路（南段）、南二环高速公路、301县道［通往大学城、广州新城（亚运村）、黄阁新城、海港新城］等林带工程；北部的机场高速公路北沿

图3-33 广州城市森林（1）

图3-34 广州城市森林（2）

线、街北高速公路、355省道（连接空港新城、亚运场馆和生态旅游区域）林带工程；东部的荔新公路、增派公路、118省道林带（连接广州城区和东部生态区域）建设工程和其他升级改造项目，整合和提升广州市南部和北部的各种森林景观，形成景观序列。

在广州新城（亚运村）周边通过海滨公园至凫洲大桥周围红树林

建设工程、番禺区湿地、鱼塘林网建设工程，对河网湿地进行恢复和保护，形成具有岭南水乡风貌特色的景观。

经过多年的努力，广州市在浅海滩涂保留和种植了多片红树林。150公里的海岸线上，可绿化地段的93％密布着各式各样的海防林。海鸟、浅滩、红树林，成为广州独特的滨海城市森林景观。在城乡结合部，建成了鱼窝头、天鹿湖等13个近郊大型森林片区，森林面积近10万亩（约6667公顷），同时，对原有林区内的640个采石场进行整治复绿。在新城区的建设中，广州市除留足山体、水道等开敞空间绿地外，每一条道路建20～40米宽的道路林带，居民区与居民区之间、厂区与厂区之间都要建设防护隔离绿带，使新城区的绿地率达到45％以上。道路林带建设以植物群落理念为指导，朝着生态化、乡土化、多元化方向发展，总长640公里的19条群落式森林大道贯通城乡。近两年，在林带中设置人行步道和简易的体育设施，生态建设与市民休闲、体育运动相结合，形成市民健康走廊。随着广州森林公园的逐渐增加，生态休闲旅游正在成为市民的生活时尚。

图3-35 广州白云山公园

第四章 经验与启示

对森林和树木功能的深入认识得益于人们对城市发展模式的深刻反思和检讨。人与自然和谐相处的理念已经成为人们的共识：种下的是树木，生长的是文明，收获的是人与自然的和谐。改善城市生态环境，建设生态化城市已成为全球城市可持续发展的方向。增加城市化地区的森林、树木覆盖率是众多发达国家和大城市所采取的措施。城市森林是城市生态环境建设的重要组成部分，是有生命的城市基础设施，在经济、生态和社会等各方面，均有着不可替代的巨大效益。国内外城市建设城市森林改善城市生态环境的经验对我们有重要的参考价值。

一、与城市空间布局相协调统一

城市森林布局应注重与城市空间布局相互协调，从而使自然景观和人文景观相融合，进而促进城市的可持续发展。国外城市森林的布局模式归纳起来主要有以下几种：一是放射状布局模式。以市区中心为基础，强调交通干道林荫树和森林公园的绿化作用，城市森林具有明显的向中心集中趋势。如莫斯科市，整个城市以克里姆林宫为中心，由两条绿化轴穿过市中心向4个方向放射，森林公园呈环状围绕城市中心区，形成一个林带纵横相连、森林公园星罗棋布的绿化网。二是圈层式布局模式。从城中心到城市近郊、远郊，环绕城市而布置城市森林，该模式可以说是现代城市森林的主要类型。如乌克兰首都基辅市，以城市为中心，周围环绕森林公园57个，其中100公顷以上的森林公园就有7个，市区外围森林公园的总面积达3.6万公顷。三是跳跃式布局模式。城市森林在扩展过程中的飞地式的跳跃。这种模式常常由于集镇、农田、河泊等阻隔因素，而难以满足城市森林的连续性，因而会呈跳跃式扩展。如法国首都巴黎，除市中心两侧一东一西各有一片森林外，其他的森林如法里叶森林、枫丹白露森林等像飞地一样分布市郊。北京城市

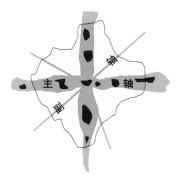

放射状布局模式

圈层式布局模式

跳跃式布局模式

图4-1 城市森林的布局模式

总体规划确定了"两轴、两带、多中心"的城市布局,因此城市森林的规划布局应服务于城市总体规划,特别是促进新城以及城南地区生态环境的改善与提高。

二、采取大尺度的规划建设形式

随着城市建设的不断加快,开发建设项目在尺度和高度上都在不断膨胀,原有的城市绿地显得愈加小而分散,生态效益逐渐减弱。借鉴国外发达国家大都市的园林绿化连片、成环、通廊建设的先进经验,营造大尺度的城市森林是非常必要的。大尺度绿化通常以栽植好种、好活、好看、好管的乡土树种为主,多种树、种好树、科学配置、块状混交,通过集中连片的大规模林地,构建生态型、景观型、游憩型的森林景观,形成多树种、多层次、多色彩、多结构、多类型的森林自然生态系统,丰富生物多样性。

大尺度城市森林应从完善城市基础设施的角度出发进行规划和建设。现代城市发展趋势表明,城市基础设施建设不仅是传统意义上交通、住房等灰色空间的扩展,还应该包括以森林、水为主体的绿色空间、蓝色空间建设。国外城市森林的快速发展,很大程度上得益于其对城市森林的科学定位,即城市森林是城市基础设施的重要组成部分,是有生命的基础设施,并对其进行统一规划建设[35]。欧美一些大都市之所以能建成优美的城市森林,并不是有得天独厚的条件,而是很大程度上通过城市建设规划苦心经营的结果。例如,美国在国家层面重视城市森林的发展,并通过相关政府机构和协会组织将城市森林的建设纳入全国城市和社区林业战略规划,前苏联政府很早就将打造城市林和市郊林纳入城市规划体系。上海、广州等国内大城市也制定了有关城市森林发展的专门规划。

大尺度城市森林还可以调整和完善城郊一体化的规划布局。城市是一个区域环境背景下的人口密集、污染密集、生态脆弱的地带。实践表明,环境问题的产生与危害有跨区域的特点,这在客观上要求以森林、湿地为主的生态环境治理也要跨区域、跨部门的协同与配合,按照区域景观生态的特点在适宜的尺度上进行。从国内外的城市绿化发展来

[35] 王成.国外城市森林建设的经验与启示.中国城市林业,2011.9 (3):68-71.

图4-2 大尺度的城市森林建设（通州新城滨河森林公园）

图4-3 大尺度的城市森林建设（房山新城滨河森林公园）

图4-4 大尺度的城市森林建设（房山新城滨河森林公园）

看，也经历了从景观化与生态化、林业与园林部门管理权限的争论，但随着现代城市化进程的纵深发展，面向包括建成区、郊区甚至是远郊区整个城市化地区开展城市森林研究已经得到广泛的认可。无论是俄罗斯莫斯科、法国巴黎、加拿大温哥华还是上海、广州等中国大城市都非常重视郊区以及远郊区的森林保护，力图形成森林围城的大城市生态发展格局。

城市化的快速发展对城市建设用地产生了前所未有的巨大需求，国内许多大城市随着人口规模的膨胀而急剧扩张。历史经验证明，城市无序扩张，不仅给资源环境承载造成巨大的压力，而且也给城市自身带来无穷无尽的问题。国外许多国家在城市化过程中都非常注意森林、湿地等保护工作，制定了长期稳定的保护规划，并通过政府、市民以及非政府组织监督落实，许多城市的周围都保留有大片的城郊森林，对控制城市的无序发展，促进现代城市空间扩张向组团式方向发展，发挥了重要作用。

三、坚持近自然化的建设理念

随着生态学思想开始更多地融入城市绿化建设中，美国、加拿大、英国、日本等许多国家的城市森林建设都体现出了"近自然化"的理念。所谓"近自然化"包括几个层面的内容：

一是群落近自然。日本学者宫协昭提出模仿天然森林群落营造近自然林，称为"宫协昭造林法"，被广泛接受。典型森林具有乔木层、灌木层、草本层、层间植物等多种层次结构，通过营造这样的复层结构和培育生物多样性，使城市森林形成一种相互依赖、相互促进的稳定系统，通过系统的自我循环和自然演替实现其整体效应，而不是不断地付出人力、物力来维持其稳定。过去植物种类的单一化设计正在得到改进，人们越来越重视植被的生态效果。

二是树种近自然。注意乡土树种的使用和保护原生森林植被，强调体现本地特色森林景观。城市森林营造遵循树木生长规律，很少过度修剪和移植大树。例如莫斯科在城市森林营造方面多选用当地常见的椴树、白桦等绿化树种。

三是设计管理近自然。人工雕塑和景观小品容易增加养护成本，一旦破损，反而影响了景观效果。而近自然式的城市森林以高大乔木为主，随着时间推移，景观效果将持续性地保留和发展。在这样的公园绿地中，良好的林木群落可吸引更多的鸟类和小型动物，从而营造自然和谐的休闲区域。另外，注重草本植物、灌木、枯枝落叶等对于改良土壤的作用，根据城市森林的具体功能作用采取差别化的管护方式，促进城市森林生态效益的发挥。

四是林水相融。近自然化的建设理念通常注重发挥林水结合的生态景观功能。城市河流、湖泊等水体是城市生态环境的重要保障，河岸林木既是河流生态系统的重要组成部分，也是城市景观的亮点。这一地带的土地既有重要的生态保护价值，也有巨大的商业开发价值，往往成为土地开发矛盾的焦点。国外许多城市在城市发展中非常注重沿河植被、自然景观的保护。在莫斯科、温哥华、多伦多、华盛顿等欧美许多国家的城市，河岸森林植被得到了很好保护，形成了林水结合的自然景观带，有效地发挥了保护河流、连接城内外森林、湿地的生态廊道功

图4-5 城市森林近自然化的建设理念（房山新城滨河森林公园）

图4-6 城市森林近自然化的建设理念（大兴新城滨河森林公园）

图4-7 城市森林近自然化的建设理念（房山新城滨河森林公园）

图4-8　城市森林近自然化的建设理念
　　（房山新城滨河森林公园）

能。在多伦多市，穿过市区的3条主要河流及两侧绿化都受到保护，自然形成了贯通整个市区的3条森林生态廊道，既是安大略省绿化带的一部分，也成为城市居民日常休闲的理想场所，走在河谷内的林荫道上仿佛置身于原始河岸林中。

四、注重满足市民的生态休闲需求

建设城市森林既满足城市生态需要，又满足现代城市人社会心理需求，是城市建设的一项重要内容。从国内外城市森林的建设和发展来看，满足市民的生态休闲需求是城市森林公园实现的重要功能之一。例如纽约中央公园内有专门供骑马的和散步的小路，经过一百多年的发展，公园内融入了体育场、滑雪场、溜冰场、瞭望的塔楼、矿泉水喷泉、印第安人手工艺品小卖部等

图4-9 城市森林满足市民的生态休闲需求（东京上野公园）

图4-10 城市森林满足市民的生态休闲需求（伦敦韦斯利公园）

设施，在拥有800余万人口的纽约市，据有关统计，中央公园每年游客量约有2500万人，在大的节假日，园内如有特别活动（如音乐会、游园会之类）往往能达到十万人。中央公园不仅是纽约这个寸土寸金的繁忙大都市的绿肺，更是纽约市民的一个休闲娱乐和文化场所，实现了喧嚣和宁静的完美结合。国内外的森林公园普遍将自行车、步行道建设与树木林荫有机结合，鼓励人们开展各种室外健身活动，同时结合自然生态的特色，融入适当的教育与宣传设施，增进人们对自然的认识。由此可见，通过加大基础设施建设力度，发挥城市森林公园休闲娱乐的功能，城市里快节奏生活的人们，就多了亲近自然、绿色休闲、感受生态文明的去处，市民通过走进森林、享受美景，可以更好体验大都市文明和自然情趣，幸福指数也就随之提升。

五、重视通过立法保障城市森林建设

城市森林是整个城市建设规划的有机组成部分，为确保城市森林建设落到实处，并巩固建设成果，不仅需要把城市森林规划纳入城市总体规划中，而且需要通过国家立法来确定城市森林在城市建设中的法律地位，对城市森林建设、保护、管理作出明确规定。完善的法律制度是西方发达国家成功建设和保护城市森林资源的必要前提。欧美和日本城市森林理论的研究处于世界领先地位，为其城市森林法律保护制度的不断完善提供了完备的理论支持。政府也以虚心、开放的态度吸纳这些理论成果。城市森林立法不仅能反映最新的理论研究成果，而且其内容明确具体，操作性很强，从而使其城市森林法律保护制度更具科学性，有利于法律执行。例如，美国于20世纪70年代，通过了世界上第一部针对城市森林而制定的法律——《城市森林法》，美国国会进一步制定了《合作森林资助法》为城市森林的发展奠定了法律基础，提供了相关指导与保障。为了推进城市森林建设，日本政府制定了一系列涉及城市与森林的相关法律，如1962年的《关于维持城市优美景观的树木保存法》，确定为维持城市景观应该保存树木或森林，其拥有者必须加以严格保护；1966年制定《首都圈近郊绿地保护法》，对所有可能影响郊区绿地的行为必须向当地政府提出申请；1973年制定《城市绿地保护法》，其中规定由城市居民参与绿化协议的缔结，使城市居民能按照自己的意愿参加城市树木的种植及保护；1974年制定《工厂绿地法》，规定新建工厂的绿化面积必须达到20%。此外，日本的《都市公园法》对公园绿地的规模、结构、设施、建筑密度等都有量化的标准规定，对城市森林建设、保护、管理具有明确指导作用。

BEIJING
URBAN FORESTS DEVELOPMENT
AND INNOVATION

第三篇

我们的实践——北京城市森林建设之路

近年来，首都北京在保持经济社会快速发展的同时，城市人口规模快速膨胀，资源消耗持续增加，整个城市面临水资源紧缺、生态环境品质不高等人口、资源、环境矛盾。如何实现城市生态环境承载力和资源可持续利用与发展，加快创建资源节约型、环境友好型社会，成为摆在北京城市建设与管理者面前的一道急需解决的难题。同时，随着北京市人均国民生产总值超过1万美元，市民对自然的、生态的休闲需求与日俱增，对环境改善的期望也越来越强烈。

北京是祖国的首都，其生态建设和环境保护不仅关系到北京市2000多万人口的健康，也是我国城市生态建设和环境保护水平的一个重要标志，代表我国在国际上的形象。缓解城市环境资源压力和满足市民需求都要求北京在城市绿化建设中寻求新的出路，北京市委、市政府及各级部门在多年的细致研究和论证后，选择了适应当前北京市发展的城市森林建设之路，这条路是在对城市森林的理念、原则和布局充分谋划的基础上选择和确定的。经过多年的探索实践，目前，北京市已经初步搭建了城市森林的框架，为今后在更大范围开展城市森林建设打下了坚实的基础。

第五章 北京园林发展回顾

北京园林的发展历史可追溯至一千年前，历经千年发展，逐渐形成了气势恢弘、推崇自然、南北交融、中西合璧的风格与魅力，沉淀了千年历史文化，形成了名园荟萃、景象万千的园林景观。新中国成立后，北京的园林建设开启了新的篇章。尤其是进入21世纪后，随着首都经济社会的快速发展和综合实力的提升，以举办第29届奥运会、国庆60周年等大型活动为契机，北京市全面加快了生态环境建设，着力完善城市环境格局，推动生态环境功能升级，满足市民多层次生态休闲需求，实现了城市生态建设跨越式发展。

一、历史悠久的皇家园林

传统园林是中国传统文化中的一颗璀璨明珠，一部中国园林史几乎就是中国历史文化的一个缩影。作为一种载体，传统园林不仅能客观真实地反映历代王朝不同的历史背景、社会经济的兴衰和工程技术的水平，而且特色鲜明地折射出中国人自然观、人生观和世界观的演变，蕴含了儒、释、道等哲学或宗教思想，凝聚了中国知识分子和能工巧匠的勤劳与智慧。与西方园林艺术相比，传统中国园林突出地抒发了中华民族对于自然和美好生活环境的向往与热爱。魏晋时期北京开始出现寺庙园林；隋唐时期由于诸多皇亲国戚营建园亭别墅、寺宇庙刹、寺观园林等，传统园林发展进入了成熟阶段；唐末，北京地区传统园林建设已从简单的利用自然条件发展到了改造自然、进行艺术创造的境地。

北京城有八百多年的建都史，皇家园林是北京传统园林最重要的组成部分。作为金代的中都，虽然只有60余年，却形成了传统园林建设的一次高潮，兴建了"燕山八景"、"西山八院"等著名御苑；元代，以

图5-1 北京颐和园平面图
（引自《中外造园艺术》）

太宁宫为中心另建大都，除了恢弘壮丽的元大都，蔚然兴起的士大夫园林和小园林，对以后的园林发展也带来了很大的影响；明代，皇室成员捐资建寺之风盛极一时，促进了寺庙园林的发展；到了清代，北京园林达到了鼎盛时期，园林数量众多，装饰豪华、建筑庄严，布局多为园中园，并具有听政、看戏、居住、休息、游园、读书、受贺、祈祷、念佛以及观赏和狩猎、栽植奇花异木等多种功能。

由于自身的地理条件和历史背景，北京园林形成了自己的特殊风格。北京园林既是北方园林的代表，又是皇家园林的代表，习惯上也称为北方皇家园林。皇家园林不只是一个游赏宴猎的地方，而且具有多种用途，如观剧、礼佛以及处理政务等，因此，皇家园林还具有很强的政治功能。中国传统造园艺术的最高境界是"虽由人作，宛自天开"，这实际上是中国传统文化中天人合一的思想在园林中的体现。"师法自然，天人合一"是中国传统文化对人与自然和谐共存的最高追求，以皇

图5-2 北京清乾嘉时期圆明园平面图（引自《中外造园艺术》）

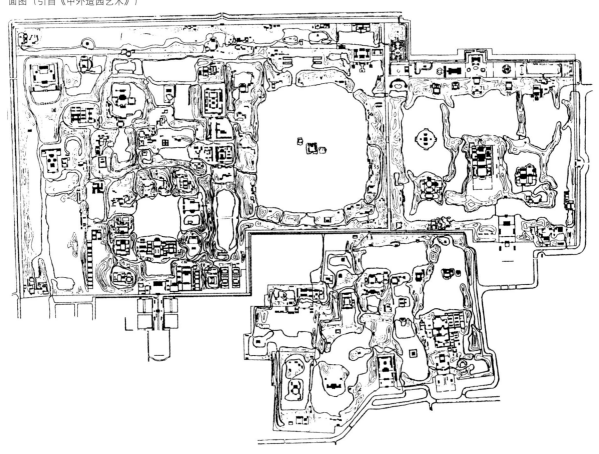

图5-3　圆明园蓬岛瑶台〔引自
（清）唐岱；（清）沈源《圆明园
四十景图咏》〕

图5-4　圆明园方壶胜境〔引自
（清）唐岱；（清）沈源《圆明园
四十景图咏》〕

图5-5 北京天坛公园（引自《北京》）

图5-6 北海公园画舫斋（引自《移天缩地——清代皇家园林分析》）

图5-7 北海公园白塔（引自《园林创作与速写》）

家园林为代表的北京园林的建造充分体现了这些理念。与一般的历史园林相比，皇家园林不仅有形式上占地广阔、规模浩大、工艺精良、影响深远的共同特点，而且在哲学和文化上直接反映了统治阶段的思想意识和文化观念，某种程度上，就是一定历史时期的国家正统文化政治观念的直观图解。

二、不断发展的近现代园林

民国时期，由于政治、经济、社会等多方面因素的影响，北京的古典皇家园林日趋衰落，取而代之的是近代公共园林的兴起，并逐渐成为主流。民国时期，京都市政公所陆续修建了一批近代公园，如动物园，同时将很多古典园林改造为可供公共游览的公园，此外，还建设了一批道旁公园，为居民提供休憩和交流空间。

新中国成立后，随着社会的发展和进步，城市园林的规模从局部的园林景点扩大到街边、居民区等公共场所，在更大范围内形成了城市环境景观的框架。这种转变使崇尚"天人合一"的自

图5-8 北京房山区文体公园

图5-9 北京房山区刺猬河二期整体景观

图5-10 北京房山区燕怡园整体景观

图5-12 北京海淀公园（2）

图5-11 北京海淀公园（1）

图5-13 北京亦庄开发区博大
公园整体景观

然生态意识逐步渗透到城市居民的日常生活中，对社会经济发展产生了深远的影响。

新中国建立60多年来，园林绿化取得了巨大的成就，不论是古代园林遗迹的修葺、现代公园的建设，还是道路、庭院、河岸的绿化和花卉种植，都有了很大的发展。经过几十年的努力和积累，北京市基本形成了山区、平原、城市绿化隔离地区三道绿色生态屏障，呈现出

图5-14 北京密云县西统路街边绿化（1）

图5-15 北京密云县西统路街边绿化（2）

图5-16 北京丰台区大红门东北角绿化

图5-17 北京顺义区减河五彩图

"城市青山环抱、市区森林环绕、郊区绿海田园"的优美景观。2012年，北京市森林覆盖率达到38.6%，林木绿化率达到55.5%；城市绿化覆盖率达到46.2%，人均公共绿地达到15.5平方米，首都园林绿化事业实现了新的历史性跨越。

图 5-18 北京西便门街边绿化

图5-19 北京二环路绿化（1）

图5-20 北京二环路绿化（2）

图5-21 北京二环路绿化（3）

图5-22 北京二环路绿化（4）
图5-23 北京二环路绿化（5）

图5-24 北京陶然亭公园

在近年的众多绿化成果中，奥林匹克森林公园和南海子公园是其中的突出代表。

奥林匹克森林公园

奥林匹克森林公园是为北京市举办第29届奥运会配套建设的公园绿地，被称为奥运会的"后花园"，公园内容纳了射箭场、网球中心等众多奥运场馆。奥林匹克森林公园于2003年开始建设，2008年7月3日正式落成，占地面积680公顷，约为10个北海公园的大小。北五环路横穿公园中部，将公园分为南北两园，通过一座横跨五环路、种满植物的生态桥连接。其中，南园以大型自然山水景观为主，北园则以小型溪涧景观及自然野趣密林为主。森林公园里最著名的景观是"仰山"和"奥海"。"仰山"为公园的主峰，与北京城中轴线上的"景山"名称相呼应，暗合了《诗经》中"高山仰止，景行行止"的诗句，符合中国传统文化对称、平衡、和谐的意蕴。而公园的主湖称"奥海"，一是借北京传统地名中的湖泊多以"海"为名，二是借"奥林匹克"之"奥"字，既有奥秘、奥妙之意，又有奥运之海之妙。"仰山"、"奥海"，意为"山高水长"，寓指奥运精神长存不息，中国文化传统发扬光大。

图5-25　奥林匹克森林公园建设前后对比图

图5-26 奥林匹克森林公园（下）（引自《五洲绿苑·奥林匹克森林公园》）

公园位于北京中轴线北端，使得这条古老的城市轴线得以新的延续，并使它完美地融入自然山水之中。这里赛后则成为北京市民的自然景观游览区。这个"生态森林"成为北京城市的一块"绿肺"，种植适合北方地区自然气候条件的植物品种，为众多的生物提供广阔的生存空间，尤其是为鸟类提供栖息地。

奥林匹克森林公园在绿化理念上，体现园林绿化的本质属性——生态属性，强调绿地建设的生态贡献率，坚持乔木为主、丰富植物配置，追求绿化综合效益的最大化。强调生物多样性保护，森林公园专门建设了生态廊道，方便小动物自由跨越五环路。坚持适地适树原则，以乡土植物材料为主；体现生态保护原则，保留建设用地内原有树木。营造林下活动空间，注重植物配置的遮荫功能，实现绿量最大化。奥林匹克森林公园的建设为北京市今后园林绿化工作的开展提供了很好的思路、理念和实践范例。

图5-27 奥林匹克森林公园（2）（引自《五环绿苑-奥林匹克森林公园》）

图5-28 奥林匹克森林公园（3）
（引自《五环绿苑－奥林匹克森林
公园》）

图5-29 奥林匹克森林公园（4）
（引自《五环绿苑－奥林匹克森林
公园》）

图5-30 奥林匹克森林公园（5）（引自《五环绿苑—奥林匹克森林公园》）

南海子公园

南海子公园位于中轴线的南端东部，地处北京主城区、亦庄新城和未来大兴新城中间的核心地带，总面积1165公顷，于2010年建成。公园按照"展风情郊野、享怡然闲趣、融天人和谐、汇灵动神韵、秉历史传承"的思路，建成含五个景区、十六个景点的绿色生态与文化景观的大型公园绿地。公园的"展风情郊野"，体现在精心打造了450亩的水景湿地，种植高大乔木5万余株、灌木10万余株、各种地被植物150万平方米，充分体现了"让城市接近森林、让森林走进城市"的理念，展现了北京南城的生态格局；公园的"享怡然闲趣"，体现在公园奉献给广大市民的是碧水环绕、绿荫环抱、芳草萋萋的优美景观；公园的"融天人和谐"，体现在公园内不仅建有休闲广场、健身步道，更有滨水栈道等亲近自然、深度体验生态的设施，创造了人与自然和谐共生的环境；公园的"汇灵动神韵"体现在公园经过科学规划、精心设计，有水的灵动、林的幽静，呈现"一日不同景、四季景相异"的景观风貌；公园的"秉历史传承"，体现在公园秉承历史，以艺术的手法再现了皇家苑囿文化，让人们从真实的景观中感受时空的穿梭，身临其境地体验到皇家苑囿的魅力。

图5-31 南海子公园

第六章 北京城市森林的孕育发展

　　进入新世纪以来，以举办第29届奥运会、国庆60周年等大型活动为契机，北京市全面加快了生态环境建设，着力完善城市环境格局，推动生态环境的功能升级，满足市民多层次的生态休闲需求，实现了跨越式发展。北京市首先对城市森林的建设理念、原则和布局进行了充分的考量和论证。论证成果是指导北京城市森林建设的重要方向标，成为贯穿北京城市森林建设的核心支撑体系。

一、创新的建设思想

（一）建设理念

　　城市建设思路与城市发展阶段密不可分。在经济社会发展水平相对落后的时期，城市建设的理念是外延式的加速发展，尽快配备具有城市功能的设施，包括宽敞的道路和林立的高楼等。而在经济社会发展到一定水平，人们的物质需求得到相当的满足后，城市建设的理念转变为内涵式的提高品质，除了科技和创新带来品质提升之外，自然环境的改善成为公众关心的突出问题。

　　曾有一个时期，"城市森林"在现代都市生活中逐渐演变成钢筋混凝土构成的摩天大楼的代名词，似乎已经失去了"森林"所指的绿色、自然的本色。在很多人看来森林与城市是不相容的，城市中不可能有森林。而在城市环境逐渐恶化的今天，人们开始厌倦钢筋水泥、高楼大厦、汽车、手机对我们生活的控制，怀念和渴望自然环境的透亮、清新、美好。

　　随着北京经济社会的快速发展，居民生活水平快速提升，生态、休闲的生活方式成为越来越多北京人的追求，对自然的、生态的休闲去处要求与日俱增，对环境改善的期望也越来越强烈。开展城市森林建设正是北京市委、市政府为适应首都经济社会发展和民生需求而提出的城市建设新理念和新实践。

　　北京市城市森林建设的主要设想：

　　城市森林是城市生态背景建设。明确城市森林打造的是城市生态背景，主要注重生态系统建设。在城市森林中，园林景观是点缀，正确处理生态建设和景观建设的关系，防止本末倒置，改变过去把过度设计的人工化景观建设成生态背景，反而

图6-1 人们对自然、生态的城市森林的需要与日俱增（南海子公园）

把生态背景变成点缀的做法。

城市森林要打造以林为主、林水相融的健康城市生态系统。城市化过程的建设用地扩展和铁路、公路、城市道路为主的阻断性路网建设，导致森林、湿地等生态用地萎缩或退化，城市自然生态系统严重破碎化，北京市的多数河流也不再有往日的丰沛清澈的河水，在当前建设发展城市森林与河道治理工程大力推进之际，北京市将二者有机结合，努力实现林水共荣，提倡有效利用现有大型城市公园绿地、城郊森林、主干道路水系林带，合理规划建设核心林地与主干森林廊道相连构成的城市森林生态网络。

城市森林要提高城市生态用地的功能与效率。由于城市用地空间有限，提高单位面积绿地的功能和效率是需要着重考虑的问题，为了提高现有生态用地的绿量空间，北京城市森林建设向纵向延伸，把20厘米草坪空间提升到15米左右的乔木复层空间，在现有土地面积基础上拓展地上空间绿量。主要可采取的措施包括以林为主、林水结合、复层结构、乡土树种、乔木树种等，建设自然为主、景观点缀为辅的城市森林体系。

城市森林要回归城乡生态一体的发展道路。城市生态环境的改善仅仅局限于城区是无法实现的。因此，北京城市森林建设打破了以往城乡分割、行政分割等多种局限，以区域为对象，城乡统筹，强调城乡一体推进，克服重城区、轻郊区的思维意识。例如，新城滨河森林公园就以北京的潮白河、北运河等河道为设计主线，郊野公园以绿化隔离带改造为主线，体现了创新的发展思路。

北京城市森林建设过程中着重体现了两方面的理念转变：

园林绿化功能由单纯的景观功能向生态休闲功能转变。以往的园林绿化建设以硬质景观为主，各类设施精心布置，突出"精"字。如今的城市森林建设注重水与绿的融合，以种树为主，减少硬质景观、铺装和人工建筑，突出"野"字，崇尚自然，贴近自然，减少人工雕琢痕迹，弱化城市元素。城市森林建成后将形成"点上绿化成景、线上绿化成荫、面上绿化成林"的景观。

突出树木在园林绿化建设中的主体地位。以往的园林绿化建设多数以人工挖湖、雕塑、景石等手段展现园林景观，树木种植退居为公园中的绿色背景。城市森林建设将树木，尤其是高大乔木作为公园的主角，让树木本身成为公园的主要景观，既能展现古朴的自然风光，又能发挥树木对环境的良好生态效益。

概括起来，北京城市森林建设主要理念是[36]：

[36] 包路林.北京新城建设大规模公园绿地的几点思考[J].中国工程咨询,2011（10）：30—31.

1. 近自然化的建设理念

城市森林的核心理念是在城市区域内打造近自然的绿化环境，尤其在北京这样的城市化程度较高的地区，打造自然的城市森林尤为重要，既具有较强的改善生态环境的功能，也可为城市居民提供惬意的休闲场所。北京市近几年城市森林建设从近自然理念出发，在规划和建设中坚持两个重要原则：一是生态优先原则。提倡健康、自然和具有乡土气息的生态美，尊重生态，适度设计，逐步形成多树种、多层次、乔灌草相结合的植物群落，不追求过多的人工雕饰。二是保护为主原则：充分保护和利用现状树木，坚持乡土树种为主的理念，减少树木的移伐，为子孙后代留下老树、古树。采用复层结构的植物群落配置技术，营造

图6-2 近自然化的建设理念
（通州新城滨河森林公园）

新城的城市森林风格，近自然的林木结构可吸引更多的鸟类和小型动物，从而营造自然和谐的休闲区域。

2.以林为体，以水为魂

林和水是城市生态环境的两大重要支撑要素，如何统筹好林水两大要素，打造"林水融合"的生态环境，对实现城市健康发展至关重要。俗话说"有水则灵"，水是城市灵性的象征，是城市活力的载体。北京在城市森林建设中，充分利用全市再生水厂建设成果，满足生态用水需求，将河湖整治、湿地恢复与森林公园建设有机结合，利用河道两侧河滩地和荒滩地植树造林，实现林水融合，提升滨水空间的环境价值。

图6-3 "以林为体,以水为魂"的
建设理念(南海子公园)

3. 生态、休闲为主的设计

纵观近现代园林发展,城市森林和园林绿化规划设计的发展趋势主要表现为新型材料等设计要素的创新,形式与功能的结合,现代与传统的对话,自然的精神以及生态设计等。对于北京城市森林的规划设计,在很长一段时间内应坚持以恢复生态环境的近自然化的生态设计为主,主要表现为种植更多的乔木,提升单位面积的生态效益,在一定程度上修复过去城市化发展造成的负面影响。鉴于当前北京的经济社会发展水平,除了生态设计,满足都市居民的休闲需求也是规划设计的考虑重点。与传统园林突出观赏性、装饰性不同,城市森林应更加强调可进入、可使用的功能性设计。

图6-4 生态、休闲为主的设计
(南海子公园)

4. 突出个性，彰显文化特色

　　随着城市森林建设的大规模开展，一个个崭新的公园绿地逐渐建成，如何避免千篇一律，需要规划设计者开动脑筋，结合当地的实际情况，打造不同的主题公园。北京作为拥有800多年历史的古都，文化遗迹留存甚多，可考虑挖掘古都历史水文化、陶瓷文化、绘画艺术等，通过现代的设计手段重现特色历史遗存。此外，也可充分展现现代科技进步的成果和普及科学常识，如建设雨洪主题公园展示如何利用雨洪实现水资源循环利用，建设防灾主题公园向市民普及防灾避险的常识等。

图6-5　公园中的漕运码头（通州新城滨河森林公园）

（二）建设原则

北京市根据城市绿化现状和未来发展，统筹考虑和综合安排城市森林建设，在建设过程中主要遵循以下原则：

统筹规划原则。城市森林建设是城市基础设施建设的重要内容，是一项复杂的系统工程，必须有一个科学的规划作为城市森林建设的重要依据和保证。在城市规划中坚持以人为本，把人们休闲散步场所的公园建设、城市郊区的公园建设与城市其他基础设施建设紧密结合起来，统筹考虑，同步推进，以高大乔木构成城市绿地系统的主体，花灌木与地被配合种植，公园均匀地分布于市区的各个角落，绿色成为城市的基本色调。市区内既有大面积的休闲公园、各类公共绿地，也有宽阔的沿街或沿河绿化带，在整体上构成一个城市森林系统，使城市真正实现"城在林中建，人在林中走"的城市森林建设目标。

生态优先原则。以乡土树种为主，注重林相、林木色彩搭配以及林下公共活动空间，尽量减少建筑规模，道路采用生态材质，构建最具自然特色的绿色生态滨水城市森林景观，逐步形成多树种、多层次、乔灌草相结合的植物群落。妥善处理好城市建设与生态保护的关系。提升城市生态环境质量，建设更为宜居的城市环境。

可持续原则。从长远着想，为未来建设留有余地。城市森林作为一项城市基础设施，是惠及子孙、千秋万代的事情，需要持续不断的投入、建设和管理，突出城市森林作为城市环境建设的主体地位，逐步扩大城市森林的覆盖程度，真正实现"城在林中"的城市景观。在建设上尊重自然环境条件，结合项目现状，以原有地形地貌、林木植被为基础，最大程度地保护和利用现有资源，厉行节约，不得随意移伐现有树木和改变现状地形，不占用耕地。按照建设资源节约型、环境友好型社会和发展循环经济的要求，推广应用中水、太阳能、透水砖等节水、节能的新技术和新材料，构建节能型、环保型、循环型城市森林。

文化品质原则。突出城市森林建设与宜居文化相结合的理念。实现自然与人文相结合，历史文化与现代文化相结合，城市环境与郊区环境相结合。突出文化内涵，使其成为城市文化的一个有机组成部分，结合具体区域的特色，深入挖掘历史文化内涵，建设体现本土特色和历史底蕴、彰显现代风格的城市森林体系，形成新的城市森林文化。

创新管理原则。城市森林建设是一项系统工程，要严格按照城市基础设施建设项目的要求进行实施和管理，坚持招投标、施工监理和检查验收等制度，同时委托专业中介机构具体负责全过程监督管理，确保公园建设质量水平。建成后的日常管护纳入城市绿化管理体系进行管理。

加大资金保障。城市森林建设离不开资金投入。2005年以来，北京市用于城市森林建设的投资逐年递增，总计百亿元的投资成为城市森林建设的重要保障，城市森林的投资成为城市基础设施建设投资的重要组成部分，2012年城市森林建设投资达到2005年的近30倍。除了政府投资外，还加强社会资本的注入，带动全社会建设城市森林的积极性。

二、统筹兼顾的建设方法

在城市森林建设初期，北京市对城市森林建设大规模开展后如何创新管理进行了大量研究。随着城市森林建设的逐渐展开，专业融合越来越多，在管理上需要多家单位共同参与，这为如何实现多部门的有效管理提出了新的课题。2006年，为了对北京市园林绿化和林业资源进行集中统一管理，促进城乡统筹发展，改变以农村、城市划分管理权限的局面，市政府调整本市园林、林业管理体制，将市园林局和市林业局合并，逐步整合完善园林和林业的职能。城市森林的建设除了园林、林业部门之外，投资管理部门、水利部门、规划和土地部门、文化部门都参与进来，打破了一家主导的局面，实现了管理创新。

北京城市森林建设中，为了确保建设理念能够贯穿始终，打破了以往的建设套路，探索了新的管理方法。采取园林与水务的专业融合、市区两级各部门间的联动、利用专业咨询和行业监管机构建立起全过程管理的机制，以确保工程的建成效果和资金使用效益。历经多年的实践，全过程监管工作对城市森林项目建设起到了积极的推动作用，也为政府投资重大项目的管理提供了借鉴。

（一）建设管理

1. 深化前期工作管理

为建设城市森林体系，北京市在前期加强顶层设计和规划研究。首先，制订具体规划设计方案，强化指导。北京市制订了郊野公园、休闲森林公园等城市森林系列项目的总体规划方案，北京市发展改革委、市园林绿化局、市水务局等相关部门根据各自行业的不同特点，分别制订了每一类型公园绿地的相关建设指导意见，为项目规划设计和建设实施提供了重要依据。

其次，建立多重审查机制，严格把关。在城市森林相关的各类项目的审批阶段，北京市各有关部门建立了多重审查机制。确保城市森林建设理念落到实处。一是建立部门联审机制。市发展改革委、市园林绿化局、市水务局等部门建立了部门工作联动机制，对规划方案和实施方案进行专业把关和联合审查，为项目下一步的顺利实施打下坚实基础。二是建立专家服务团队。成立由园林、水利等行业知名专家和经验丰富的专业人员组成的专家组，有些专家为项目提供方向性的指引和答疑，有些专家长期相对固定地参与项目实施过程，严把城市森林建设的理念、质量关。三是聘请专业评估机构。严格审核项目规划设计，优化设计方案，控制投资规模。

2．创新组织管理模式

城市森林建设由于涉及的部门较多、领域较广，因而需要协调的工作也就较多。在城市森林建设期间，北京市首先明确了各部门之间协调的关系：一是成立市级建设协调小组。在项目批复之后、开工之初、建设中期等关键环节，市级相关部门组织召开各类动员和交流会议，为项目各阶段的推进提出了明确的指引和要求，同时打破专业分割，以区域为对象，加强部门联动，整合园林、水务、交通等行业，调动了各方面的积极性，统一了城市森林的建设管理。二是建立区级项目建设协调小组。各相关区县按照市里统一要求，建立项目建设协调小组，集中解决项目建设过程中遇到的问题。市区两级组织协调工作形成合力，极大促进了参与各方对建设理念的理解和贯彻落实。

3．建立全过程监管模式

在城市森林建设过程中，北京市委托专业的中介机构对项目实施全过程进行监管和把控，形成链条式管理，努力做到对项目整个实施过程的各个重要环节、时点、大额资金使用等情况的监督及时到位。为有效实施全过程监管，设立了由多家专业机构和行业专家联合组成的监管工作组，并编制了《全过程监管工作方案》和《全过程监管工作指导书》，明确监管工作的目标、内容、各成员单位职责，完善了监管工作操作体系。通过全过程监管，及时纠正了建设过程中的理念偏离、质量不达标、资金使用违规等各类问题。

强化全过程监督，规范建设管理。监管工作组定期检查建设理念落实、项目实施进度、资金管理等情况，将检查结果以监管报告形式上报市级管理部门，并在项目实施过程中及时做好市区两级相关部门的沟通协调，发现问题及时解决和纠正。监管工作内容包括：督促按照批复的实施方案完成公园的建设，监管建设程序是否合规，严格控制与建设理念相悖的设计和施工变更，督促按照总体进度安排各项工作，对建设情况进行综合评定，监督是否合理使用建设资金，督促明确后期管护机构及养护资金的落实。同时，还积极配合开展宣传报道，组织相关培训和交流等。

严格资金拨付管理，提高资金使用效率。 市级部门通过监管工作组加强现场调研，通过全过程监管这一平台，及时了解建设项目的进度、效果以及存在的问题，严格资金拨付管理，提高资金平衡、使用效率。在建设实施情况与投资下达之间建立联动关系，确保政府投资下达和建设进度挂钩，实现建设资金梯次安排、滚动下达，增强市级层面对项目建设过程管理的同时，极大地提高了政府资金使用效益。

专家团队全程服务，提供技术支持。 监管工作组组织专家团队对城市森林的工程质量进行指导，对进场苗木的选择、修剪、支撑、栽植、养护、屯苗等关键技术环节提供支持，对工程顺利进行、达到建设标准起到了良好的作用。在建设中间阶段，组织专家对公园建设效果进行评估，及时摸清建设过程的具体情况。

（二）建设布局

城市森林布局融入城市生态环境总体布局来考虑，实现与水系分布的融合，同时，进一步与城市空间布局、产业布局相统筹，促进城市经济社会的可持续发展。

北京市城市绿化建设在结合考虑城市规划、交通主干道、新城发展及地理环境等因素的基础上，形成了一种放射状、圈层式和跳跃式相叠加的综合型布局模式，逐步构建"两轴、三环、十放射、多中心"的城市森林体系。"两轴"即长安街中轴线及其延长线、南北中轴路；"三环"即二环路、一道绿化隔离带、二道绿化隔离带；"十放射"即十条楔形绿地；"多中心"即11处新城滨河森林公园等。

城市森林布局面临的主要障碍在于土地的获取。随着经济社会的发展，城市化、产业发展等对土地开发利用需求大幅增加，加强城市生态环境建设、提高环境承载力需要处理好环境用地和开发建设用地的关系，向有限的空间要效益：一是合理利用河滩地、荒滩地、代征绿地、屋顶等未利用空间进行绿化建设，改善生态环境，增加绿地面积；二是通过绿化隔离地区等原有绿地的改造，增加必要的基础设施和服务设施，满足人们的生态休闲需求；三是在扩大绿地总量的同时，调整种植

[37] 包路林.北京城市森林建设的理念与布局[A].第六届环境与发展中国（国际）论坛论文集[C]，2010.

结构，以乔木种植为主，提高单位面积绿地的生态效益，实现绿地资源效益的最大化，为经济社会发展提供有力支撑[37]。

在城市森林的布局安排上考虑不同规模、不同类型公园绿地相结合的方式。城市森林是由多种公园绿地组成的系统，既包含街头小型绿地，也有规模较大的大型公园绿地。其中，大型公园绿地的生态效果最为显著。在土地价值日益凸显的城市中心区，开发新的大型公园绿地的可能性已不大，主要集中在道路和桥梁周边绿化带以及与重大产业项目同步建设的配套绿地等。在新城和镇区，以新城滨河森林公园为代表的部分大型公园绿地已开始建设。通过多年建设，北京城市森林从城市整体布局的角度，考虑将已有的大型公园绿地逐步串联，形成多个"珍珠项链"，大型公园绿地是"珍珠"，带状的连接绿地是串起"珍珠"的"线"，线面结合，形成网络，综合打造北京多层次的绿化廊道和靓丽的城市森林景观[38]。

[38] 刘印春.打造多层次绿色生态休闲空间，为建设世界城市创造生态环境保障[A].发展城市森林，打造低碳城市——第七届中国城市森林论坛文集[C]，2010.

城市森林具有高起点和前瞻性的特点，需要从生态效益、区域发展的高度去认识和把握。北京城市森林建设过程中，重点从植物景观、基础设施和服务设施等三个方面对设计理念和方案进行把控，并遵循了"突出一个主体，把握三个细节"的思路。"一个主体"即以种树为主，注重结构，既有高大乔木也有低矮灌木，注重林相及色彩搭配。"三个细节"即灌草结合、铺装采用生态材质、合理开辟绿色活动空间（林窗）。

三、丰硕的建设成果

进入21世纪以来，北京市以举办第29届奥运会、国庆60周年等大型活动为契机，从理论技术研究、理念创新到工程建设管理实践，全面加快了生态环境建设，着力完善城市环境格局，从郊区新城、城乡结合部、中心城三个层次构建城市森林体系。推动生态环境的功能升级，满足市民多层次的生态休闲需求，实现了跨越式发展。

目前，北京市在新城建设新城滨河森林公园，在城郊建设郊野公园，在中心城因地制宜建设城市休闲公园，逐步构建起从郊区到中心城区的三级城市森林体系，总面积约9500公顷，为市民提供多层次、

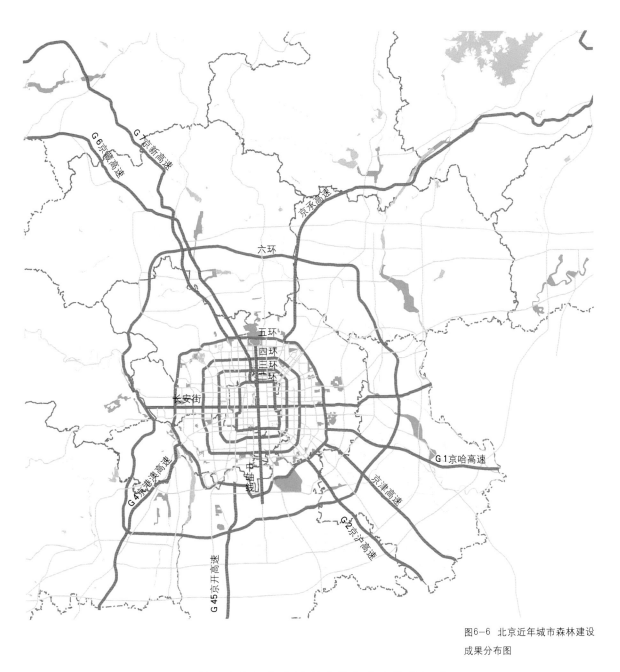

图6-6 北京近年城市森林建设
成果分布图

多选择的绿色活动空间，促进了城市绿化由景观功能向生态和休闲功
能转变。

（一）新城滨河森林公园

新城滨河森林公园建设按照"以水为魂、以林为体、林水相依"
的建设理念，充分利用沿河河滩地和荒滩地，以种树为主，注重河流水系与其两侧林木的融合，追求自然生态，同时布设必要的基础设施，突出公园的休闲服务功能。公园以种植乡土树种为主，注重种植结构，既有高大乔木，也有低矮灌木，还有林间绿地。同时，遵循生态治河理念，合理利用水面，是人们走得进去的森林。

1. 项目的酝酿和启动

2007年，北京经过奥运筹备期的建设，市政府对城市生态环境建设的认识提升到新的高度。在《北京城市总体规划（2004—2020年）》中，规划的11座新城承担着疏解中心城人口、中心城功能，聚集新产业的重要职能。新城的健康发展对有效控制北京中心城扩张，扭转摊大饼式的城市发展模式有重要的战略意义。而打造一座具有吸引力的新城，除了高标准建设教育、文化、卫生、体育、社会福利等公共服务设施以外，营造良好的生态环境也是必不可少的。

新城的发展要避免走过去城市发展的老路，需要特别统筹好城市建设和生态环境间的关系，尤其要认识到城市生态环境是吸引社会资本、产业和人口向新城转移的关键。自2007年始，北京市发展和改革委员会组织相关部门和区县政府，对新城环境建设进行了专题研究，提出了建设新城滨河森林公园的总体思路和规划，并于奥运会后全面启动。按照"先栽梧桐树，后引金凤凰"的思路，北京在新城开发建设之初，率先建设新城滨河森林公园。先建环境，后建新城，对树立新城环境意识，构建新城环境框架，引导新城有序开发，提高新城品质，对于提高新城吸引高新人才和产业聚集能力具有非常重要的作用。利用大规模绿地的自然阻隔还可以避免新城重复"摊大饼式"建设模式，有效控制和引导新城空间布局。

在新城滨河森林公园建设酝酿期间，对穿过新城的主要河道进行了实地查看。在国外发达城市中，穿过城市的河流往往是城市景观的亮点，但在11个新城区域，除了少数的河道及两岸具备良好的自然环境以外，多数都存在着河道干涸或污染严重、环境脏乱等问题，河道及其沿岸的生态、景观功能根本无法体现。因此参与项目决策的单位意识到，新城滨河森林公园的建设必须以区域为对象，打破传统项目的行业界限，采取园林与水务的专业融合，以及市区两级部门间的联动，转变单一项目单一功能的传统模式，充分利用北京再生水设施建设的成果，在满足生态用水需求的基础上，有效利用新城滨水空间，发掘滨水环境价值。

此外，在新城建设之初即启动滨河森林公园建设，可以依托新城发展的契机，有效避免中心城"拆城建绿"带来的成本高、工作难度大、难以集中成片等问题，与中心城动辄每平方米数万元拆迁成本相比较，新城的绿化土地成本将小得多。

图6-7 11个新城滨河森林公园位置图

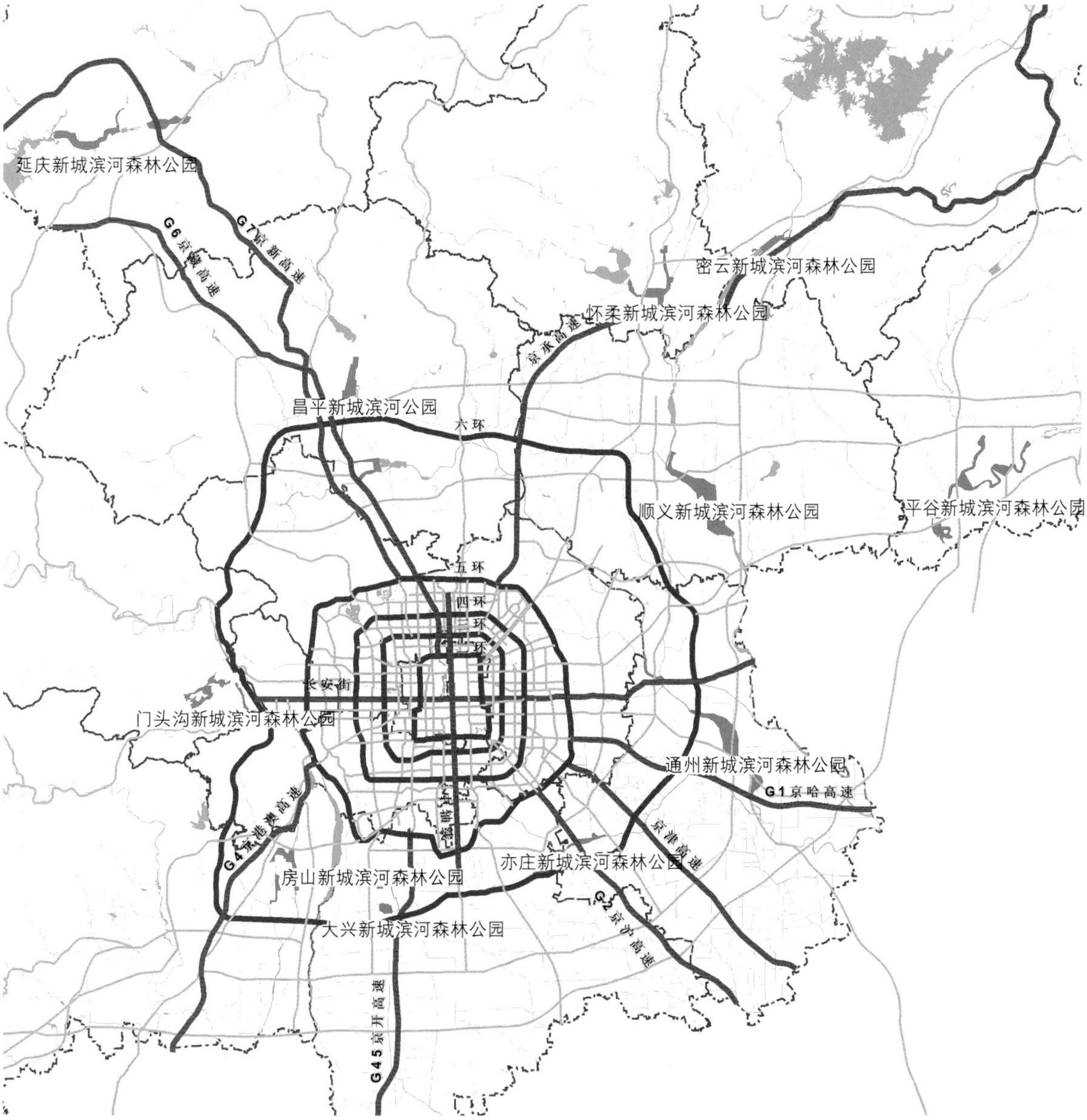

经过近两年的研究论证，2008年北京市政府正式批准奥运会后在11个新城建设滨河森林公园的总体方案，标志着新城滨河森林公园建设正式启动。根据总体实施方案，11座新城滨河森林公园规划总面积约10.9万亩（约7270公顷），总投资近60亿元，初步测算，公园建成后可以提高新城绿化覆盖率5个百分点，绿地中森林比重从目前的35%提高到50%。与此同时，北京市发展和改革委员会、北京市园林绿化局、北京市水务局建立了部门联动机制，统一并明确了公园建设理念和基本规范，并将此作为贯穿公园规划设计、建设实施全过程的重要依据和尺度。

自2009年通州新城滨河森林公园首先开工建设以来，各个公园已陆续建成开放。

2．公园建设特点

与一般的城市公园相比，新城滨河森林公园更注重大尺度的绿化，更加强调以树木为主体的生态滨河景观。

突出"建设大环境，实施大绿化"的理念。新城的发展加快了城

图6-8 怀柔新城滨河森林公园

市化的进程，同时也可能会付出相当大的环境代价，例如空气污染、热岛效应、生物多样性减少、土壤退化、人居环境恶化等。大尺度的绿化建设将最大限度地促进城市低碳、节能和生态环境保护。根据公园总体建设计划，11个新城滨河森林公园中最小的面积约5500余亩（约367公顷），相当于2个玉渊潭公园，最大的公园面积达到18000亩（1200公顷），相当于4个颐和园。在建设实施方面，它不同于一般城市公园的精雕细琢，更加强调"大环境"、"大绿化"的建设思路。例如在公园野生地被的选择方面，更加看重的是成片的景观，而不是单株的效果。在延庆新城滨河森林公园的地被设计方面，通过混播，种植有千屈菜、紫松果菊、甘野菊、蒲公英、二月兰等不同植物，形成了色彩缤纷的壮阔花谷，结合丰富的岸线水生植物，游人可于林中漫步，花中徜徉，水边戏耍，尽情体会回归自然之美与游玩之乐。顺义新城滨河森林公园在原有林地的基础上，调整乔木结构，丰富彩叶树种、花灌木及地被，将形成"彩虹桥头红叶艳，碧水岸边繁花漫，夹道林荫兰花幽，满园白杨绿参天"的壮美景观。

通过大尺度的绿化建设，新城滨河森林公园建成后将形成"点上

图6-9 房山新城滨河森林公园

绿化成景、线上绿化成荫、面上绿化成林″的生态景观。

以林为体，突出乔木的地位。滨河森林公园建设提出″以林为体″的理念，具体来讲就是以种树为主，特别是以种植乔木为主，突出乔木在公园中的地位和所发挥的作用。乔木树种高大，又有庞大的树冠，对于改善小气候、促进低碳城市发展都有重要的作用。就其每天吸收的热能来说，乔木是灌木的22～24倍，是草本的50～84倍。提高乔木在整体植物种植中的比例，有助于提高单位土地面积的生态效益。在各个公园的规划设计中，明确提出要通过合理的植物配置，构建安全、稳定的植物群落，原则上公园建设的绿地率（含水体）不得低于90%，林分郁闭度应在0.7以上，充分保护和利用现有树木，减少不必要的砍伐和移栽，新栽植物应选择节水、耐旱和寿命长、观赏性强的乡土树种，公园建设从规划设计到后期养护始终要考虑病虫害的综合防治。在公园的建设过程中，植物的配置，特别是乔木的种植情况始终是北京市发展和改革委员会及北京市园林绿化局重点把控的内容。

图6-10 昌平新城滨河森林公园

图6-11 密云新城滨河森林公园

图6-12 延庆新城滨河森林公园

以水为魂，突出生态滨河景观。新城滨河森林公园基本上都依傍着一条或几条穿城而过的天然河流，因此水岸结合处的景观打造是公园设计的要点。过去在滨水改造时，通常的做法是硬化驳岸、取直河道以达到防洪泄洪和方便管理的目的，但是这种做法直接导致河流动力过程的改变和恶化，容易造成水质污染，两岸植被和生物栖息地遭受破坏，休闲价值降低。在新城滨河森林公园建设过程中，借鉴了国内外公园建设过程中的一些好的做法，一是采用自然材料护坡，采用适合动植物生长的特殊结构护岸；二是在自然力的作用下，使滨水自然分布有凹岸、凸岸、浅滩和沙洲等，与多种构造多种材料的堤岸浑然一体，营造出生态丰富的多样空间；

图6-13 打造以水为魂的滨河景观（延庆新城滨河森林公园）

三是利用滨水地带生态多样化的特点，选择适合的陆生、湿生、水生植物种植，营造出近自然的植物群落。

例如昌平新城滨河森林公园依托东沙河中一段南北3公里、东西1公里、水面约109公顷的区域，设计建设了湖岸的柳堤、花岛、亲水平台，形成了漫步柳堤、荡舟湖中、观花赏鸟的融合之景。延庆滨河森林公园依托自然蜿蜒的妫水河，打造了三里河湿地。

控制建筑规模、体量及风格设计。滨河森林公园建设一方面考虑减少人工雕琢，增加自然野趣；另一方面也考虑到防洪要求，因此严格控制公园内建筑规模和体量。滨河森林公园建设计划要求各类建筑面积之和占公园总面积比例不超过0.3%，综合考虑防灾、避险等功能，新

图6-14 打造以水为魂的滨河景观（密云新城滨河森林公园）

建建筑的单体规模不宜过大。同时，滨河森林公园建设非常注重建筑及园林小品风格的设计，以自然、野趣的建筑风格为主，与周边景观融为一体，更好地体现质朴、简约、休闲的公园氛围。

生态效果显著。 新城滨河森林公园建设用地往往是河滩荒地或邻近新城的重要功能区，不同程度存在河道采砂盗挖，环境质量差等问题。新城滨河森林公园的建设，将使新城周边的生态环境得到极大改善和提升。例如，潮白河河道治理工程是密云新城滨河森林公园工程的重要组成部分，通过河道治理，有效阻止了河道随意采砂挖砂行为，一改河道多年来黄土漫天、沟壑遍布的情景，还原了潮白河的本来面目，河面宽阔、绿水荡漾，进一步优化了周边经济开发区发展环境，为密云县的城市环境增添了一道亮丽的风景线，形成了流淌在新城中的水景长廊，植根在新城中的森林长廊，活跃在新城中的休闲长廊，生长在新城

图6-15 打造以水为魂的滨河景观（密云新城滨河森林公园）

图6-16 打造以水为魂的滨河
景观（密云新城滨河森林公园）

中的文化长廊。房山新城滨河森林公园中的房山公园紧邻房山新城规划的CSD（中央休闲购物区）核心区域，青春公园位于良乡高教园区中央景观区，公园的建成将大大改善和提升房山新城的生态环境水平。门头沟滨河森林公园中的龙口湖森林公园，它所利用的龙口水库是原先石景山电厂的煤灰渣存放地，通过龙口湖森林公园的建设更好地控制粉尘污

图6-17 与环境一体的建筑与
小品（怀柔新城滨河森林公园）

图6-18 与环境一体
的建筑与小品（房山
新城滨河森林公园）

图6-19 与环境一体的建筑与小品（房山新城滨河森林公园）

图6-20 与环境一体的建筑与
小品（通州新城滨河森林公园）

染，改善区域小气候，生态景观得以恢复。龙口湖森林公园将成为北京
市废弃地利用、生态恢复、景观改造的示范。

集约利用水资源。北京是水资源极度紧缺的城市，河道生态用水
以及树木养护等均需使用水。滨河森林公园建设非常重视水资源的集约
利用，一方面在树种的选择上，多用耐旱树木；另一方面各滨河森林公

图6-21 密云新城滨河森林公园潮白河治理前后对比图

图6-22 延庆新城滨河森林公园建设前后对比图

图6-23 大兴新城滨河森林公园的生态驳岸

园将以各区县新城再生水厂为水源，提供河道景观用水和绿化灌溉用水，部分河道水资源较丰富的区县，通过泵站建设，直接从河道取水用于灌溉，同时通过生态河道和生态驳岸的建设，促进生态系统的连续稳定，减少对水资源的过度依赖。例如昌平滨河森林公园建设了约10万平方米的功能湿地，昌平再生水厂的出水经功能湿地进一步净化，由泵站和输水管线送至公园上游，再沿河道顺势而下，确保公园水质的稳定和达标。

注重与当地文化的结合。11座新城历史文化不同，挖掘的文化内涵各有侧重。通州以运河文化为载体，将景点串联起来，形成一条历史风貌与时代风采并重的滨河风采带；延庆则在妫水河及三里河沿岸，打造妫水文化；平谷公园沿沟河、洳河宣传上宅文化；许多公园在景点设置时取材于当地典故和地方志。实际上，新城滨河森林公园的建设，是本土文化的挖掘过程，也是为公园增添文化底蕴的过程。

新城建设百业万事，绿色先行。新城滨河森林公园建成后不仅是新城的"中央公园"，也是中心城的"后花园"。

图6-24 通州新城滨河森林公园建设将生态环境与文化相融合

3.11个新城滨河森林公园简介

通州新城滨河森林公园

通州新城滨河森林公园总面积约10700亩，分为南、北两区，主要位于通州新城北运河两侧。由于依傍京杭大运河，公园建成后正式命名为"大运河森林公园"，包括潞河桃柳、月岛闻莺、丛林活力、银枫秋实、明镜移舟、高台平林等6个景区。

生态月岛，引鸟嬉戏。著名作家梁实秋先生在《雅舍小品·书房》一文中，用"环境优美，只有鸟语花香，没有尘嚣市扰"描绘了中国传统的理想居所。用一个城市中生活的动物数量来指示这个城市的宜居程度，是一条最简洁的途径。人与动物在城市中和谐相处，正是我们不断努力的目标。在月岛闻莺景区，公园营造了由阔叶乔木、针叶乔木及灌木丛组成的密林灌丛区，配置引鸟的植被，以高大乔木林为鸟类提供安全筑巢的场所。同时，选择鸟类喜欢的核果、浆果、梨果、球果等

图6-25 通州新城滨河森林公园效果图

图6-26 通州新城滨河森林公园实景（1）

图6-28 通州新城滨河森林公园实景（3）

图6-27 通州新城滨河森林公园实景（2）

图6-29 通州新城滨河森林公园实景（4）

图6-30 通州新城滨河森林公园实
景（5）

肉质果类植物，如柿子、山楂、枸杞、金银木等，为鸟类提供天然食
物，也起到招引鸟类的作用。相信经过几年的努力，这里将成为令人陶
醉的绿色世界，鸟语花香的自然公园，人来鸟不惊，鸟鸣林更幽，奏出
人与自然、人与鸟类共处的和谐乐章。

传承文脉，挖掘大运河文化。通州地处京杭大运河北端，曾因漕

运兴盛而发展成为中国北方重要的物资集散和商贸中心。北运河在通州穿城而过，曾给通州带来无尽的辉煌，被通州人民视为母亲河，大运河文化已经渗透到通州的历史血脉中。公园在规划设计中，以延续运河文脉、传承运河文明为主线，将植物景观、园林小品等作为传承运河文化的载体，根据历史人物、文人墨客有关运河的描绘，打造了明镜移舟、

图6-31 通州新城滨河森林公园实景（6）

高台平林等景区景点，再现了运河两岸的历史景观。明镜移舟景区，将整幅《潞河督运图》刻制于坝头挡土墙上，向游人再现了运河当年"万舟骈集、商贾汇聚"的繁荣景象。以漕运文化为主题，专门设计了以开漕节为内容的船形雕塑墙和反映漕运制度的密符扇广场，使人们在赏景、游憩的同时追忆运河悠久绵长的历史。在通州新城的建设过程中，一些不得不移走的几十年老树，也被精心移植在这里，作为通州历史文化的一部分，为通州居民留下过去生活的点滴回忆。

图6-32 通州新城滨河森林公园实景（7）

图6-33 通州新城滨河森林公园实景（8）

图6-34 通州新城滨河森林公园实景（9）

顺义新城滨河森林公园

顺义新城滨河森林公园总面积18683亩，是北京市面积最大的新城滨河森林公园。公园依林傍水，环境条件优越。

潮白河治理是公园建设的重要部分。潮白河是北京市第二大河，流经顺义区的河道是潮白河沿线滩地最多（约占全线的35％）的地段，河岸线长近13公里，且水面宽阔，主河槽平均宽度400米。经过河道改造，建成水面宽广、气势恢宏、生态健全、景观壮丽的滨河森林公园。在公园内，水体形态多样，河流、沟渠、水塘、浅滩、湿地散布其中，为创造丰富多变的滨水景观提供了有利的条件。潮白河两岸林带比较宽，最宽处达1.7公里，且郁闭度高，具有很强的森林氛围，为营造滨河森林公园繁茂的森林景观奠定了生态基础。"引温入潮"工程二期实施后，年引水量可增加至6000万立方米。俗话说"有水则灵"，"以水为魂"的设计理念在这里得到淋漓尽致的体现，使潮白河滨河森林公园成为名副其实的"滨河"森林公园。

公园在桥头、活动空间绿地等主要节点、水岸两侧等地，种植彩叶树种、花灌木及地被，分别体现不同的季相色彩，形成"彩虹桥头红叶艳，碧水岸边繁花漫，夹道林荫蓝花幽，满园白杨绿参天"的灿烂景观。

图6-35 顺义新城滨河森林公园效果图

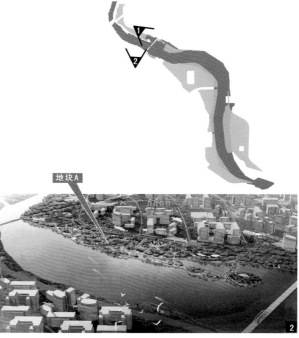

亦庄新城滨河森林公园

亦庄新城位于北京城区东南部，是明清皇家苑囿南苑（又称南海子）的东北隅。1994年8月国务院批准亦庄为国家级经济技术开发区，是北京建设的十一个重点新城之一。亦庄新城滨河森林公园以创建亦庄新城"宜业宜居"为目标，沿新凤河和凉水河两岸从西往东呈带状分布，由东西两段组成，全长约9.7公里，总占地面积约7510亩。公园不仅是亦庄新城的生态绿地公园的核心，同时将带动整个南部地区的自然生态、经济效益等多方位的产业提升，对改善生态环境、提升新城综合竞争力，促进人与自然相和谐具有非常重要的意义。

公园规划布局为"双轴三区"，"双轴"即"生态水轴线"和"生态绿轴线"，"三区"指的是新凤河段森林郊野体验区、凉水河段亲水景观区、凉水河段蓄滞洪滨河景观区。公园以"蓝"与"绿"为主线，充分体现"以水为魂、以林为体、林水相依"的建设理念，

图6-36亦庄新城滨河森林公园
效果图

构建"水清、岸绿、流畅"的生态水景观。通过处理好绿和水的关系，以绿为主，植物造景，形成自然、大气、生态的整体风格，既可满足滞洪泄洪需要，又能最大限度营造出结构完整、景观优美的森林水景。

大兴新城滨河森林公园

大兴新城滨河公园位于大兴新城埝坛水库周边，由埝坛公园、北区公园及小龙河绿地三部分组成，总占地面积约5579亩。埝坛公园设计以植物造景为主，地形改造为辅，形成了林海寻幽、西溪倩影、幽州台歌、双仪花洲等"埝坛十景"，营造出具有缓坡、丘陵、草地、湖泊、岛屿、密林等富有野趣的自然休闲空间，同时在林地内布置大量具有自然特色的娱乐场地和设施，自行车道贯穿公园呈环状布置。结合湖区建设，在湖周围布置适量亲水平台、木栈道、滨水活动场地、钓鱼平台等活动场地，为市民提供一处自然休闲的绿色空间。清源公园以生态保护

图6-37大兴新城滨河森林公园效果图

图6-38 大兴新城滨河森林公
园实景（1）

图6-39 大兴新城滨河森林公
园实景（2）

图6-40 大兴新城滨河森林公园实景（3）

图6-11 大兴新城兴河森林公园实景

为主，兼顾适度的开放，将小龙河和周边地块连成一体，不仅为新城居民提供一处可以满足漫步、观景、健身、休闲等各类活动需求的绿色场所，而且有助于完善新城绿地系统以及水系统的合理布局。

大兴公园不仅是一处绿色生态景观，在建设的过程中，还巧妙地融入了不少低碳、节能、环保等科技元素，对保护新城生态环境有着不可替代的作用。大兴公园约有水面850亩，全部采用再生水。通过引入黄村再生水厂、天堂河第二污水处理厂的再生水，使过去干涸的河道、水库再现昔日水景。为进一步净化水质，森林公园在埝坛水库公园内布置了10万平方米的潜流湿地，对入园水质进行进一步净化，其出水主要

图6-42 大兴新城滨河森林公园实景（5）

水质指标可达到地表水Ⅲ类标准，有效满足了堎坛水库的水质要求。大兴公园内的雨水采用自然下渗、下凹绿地、布设渗井、水系调蓄等综合手段，针对大兴区沙质土壤的特点，选用与之适应的乡土绿化树种和耐瘠薄的地被植物。公园的照明系统采用高效节能灯具，并采用太阳能、风能相结合的方式，为照明系统提供能量，真正体现了生态环保的设计理念，对保证大兴新城城市生态系统的合理发展和改善环境质量有巨大的作用。据初步测算，整个公园可年吸收二氧化硫66.9吨，二氧化氮84.2吨，二氧化碳3563吨，颗粒物2472吨，可释放氧气31998吨。

堎坛公园的位置是过去的堎坛水库，水库已经干涸了二三十年，

图6-43 大兴新城滨河森林公园实景（6）

图6-44 大兴新城滨河森林公园实景（7）

图6-45 大兴新城滨河森林公园实景（8）

图6-46 大兴新城滨河森林公
园实景（9）

多年来是一片黄沙地，一到大风的天气，漫天黄土。在土地资源紧缺的
情况下，充分利用河滩地和荒滩地来实现公园绿化，不但水清了，岸也
绿了，使埝坛公园呈现出绿树浓荫、林水相映的景观。

　　大兴埝坛公园最高点的整处山石被命名为幽州台歌，因为传说陈
子昂的《登幽州台歌》就写于现今大兴境内的礼贤台。埝坛烟雨、幽州

图6-47 大兴新城滨河森林公园实
景（10）

台歌、墨迹留香、东堤春晓……这些景点名称，都是根据当地历史上的
文化遗产和特定事件，由百姓投票选择的结果，贾岛、陈子昂等历史名
人的典故也由此被挖掘，游人漫步滨河森林公园间，不啻一次乡土文化
的洗礼。正是对公园理念和文化的认同，公园开园以来，接待了大量游
客，在市民中赢得了口碑。

图6-48 大兴新城滨河森林公园实景（11）

图6-49 大兴新城滨河森林公园实景（12）

图6-50　大兴新城滨河森林公园实景（13）

图6-51 大兴新城滨河森林公园实景（14）

图6-52 大兴新城滨河森林公园实景（15）

图6-53 大兴新城滨河森林公园实景（16）

房山新城滨河森林公园

　　房山新城滨水森林公园建设面积5789亩，分为房山公园、湿地公园、青春公园、小清河风光带四个园区。公园以水系生态治理为核心，以为市民提供恬适环境为宗旨，以传承根祖文化为特色，成为房山新城的生态绿肺。房山公园根据地域特征和根祖之源的文化性，并结合各种文化娱乐和休闲活动，延伸性命题的综合性公园；湿地公园再现了北京"保一江泓水，养无限生机"自然湿地原生态，为市民提供一处体验自然，休闲养生的家园；青春公园贯穿"青春"这一主线，为高教园区的莘莘学子及周边居民提供一处时尚、自然，富有活力的城市景观，体现和谐的人文氛围；小清河风光带在尊重和保护原有林地的基础上，结合新城规划和河道治理，突出原有生态景观特征。

图6-54 房山新城滨河森林公园效果图

图6-55　房山新城滨河森林公园实景（1）

图6-56　房山新城滨河森林公园实景（2）

图8-57 房山新城滨河森林公园实景（3）

图6-58 房山新城滨河森林公园实景（4）

公园位于房山CSD核心区，紧守高教园区、新城居住新区、首创奥特莱斯、处于城市发展中心区。公园设计根据城市功能区的需求，赋予城市园林、城市绿地等更多的功能，打造"一带两河三园"的生态滨水景观。在哑叭河、小清河交汇的三角洲，在满足城市防洪安全的前提

图6-59 房山新城滨河森林公园实景（5）

图6-60 房山新城滨河森林公园实景（6）

下，改变传统城市河道、堤防的景观单一性，利用堤防及微地形相结合，主河槽及浅水湾相结合的手法，修建生态、自然驳岸，扩大了水面面积及岸线长度，并通过荷荡、苇丛、水线、灌丛、疏林草地、密林的复式种植手法打造出"看斜阳，观落鹭，不须归"的景观意境。

图6-61 房山新城滨河森林公园实景（7）

161

图6-62 房山新城滨河森林公园实景（8）

图6-63 房山新城滨河森林公园实景（9）

昌平新城滨河森林公园

昌平新城滨河森林公园位于昌平区东沙河、南沙河、北沙河沿岸，由北向南绵延约21公里，总面积约11643亩。公园沿沙河构筑起老城区与东部发展新区之间的生态联络走廊，打造出一条历史风貌与时代风采并重的滨河风采带，形成有机完整、层级分明的新城绿色生态系统。

"山、水、林、城"是昌平新城滨河森林公园建设的一大特点，体现了自然风貌与文物古迹完美结合。"山"：蟒山、龙山构成了公园内丰富的天际线，并将成为人们纵览公园和城市的最佳观景点。"水"：蜿蜒曲折、开合有度，总长近20公里，水面最宽处超过1公里，昌平之水，将新、老城区有效的融为一体。"林"：充分利用昌平丰富的林木资源，包括北京地区少有的红柳。公园中现有的大树，成为公园保留、利用的珍贵资源，它们的外形外貌是营造贴近自然环境的基础。"城"：公园中展现与昌平城市历史和未来密切相关的城市印记，

图6-64 昌平新城滨河森林公园效果图

公园是昌平新城惠民的大实事之一，是昌平百姓的滨水步行天堂。

昌平新城滨河森林公园中的水域面积在北京市公园中名列前茅，形成了一座南北3公里，东西1公里，集中水面区域达到109公顷的湖面，是玉渊潭公园和北海公园水域面积之和，加之湖岸的柳堤、花岛、亲水平台，形成了漫步柳堤、荡舟湖中、观花赏鸟的融合之景。

公园中主路循环系统考虑到周边市民的健身需求，内部循环路从北到南总长度大约20公里。一方面，非常适合人们散步，慢跑等休闲健身活动；另一方面，昌平区已连续多年举行长走大会活动，公园内部循环路的建成，又增加了一处长走活动的举办地。人们在真实地感受昌平城市建设的步伐的同时，也能进行休闲运动，将自然与健康有机结合在一起。

怀柔新城滨河森林公园

怀柔新城滨河森林公园沿怀柔新城怀河和雁栖河程带状分布，河道全长11.4公里，总面积约6749亩。公园位于怀河、雁栖河沿岸，充分发掘区域水网的景观价值，强化怀柔"山水环抱，三河汇流"的景观结构，打造城市生态网络、休闲空间、自然景观长廊，形成"山水怀柔·绿廊环抱"的生态环境和山水格局。

图6-65 怀柔新城滨河森林公园效果图

图6-66　怀柔新城滨河森林公园实景（1）

　　公园内部打造了一个影视文化园，作为室外影视摄影的外延绿地。在密林外貌下，融入影视文化元素，使其成为具有生态、郊游、地方文化等多重功能的公园。结合功能性的休憩设施，在密林中点缀数个幽静且尺度宜人的林下场地。强调在不同季相下植物景观的变化，林下空间点缀一些具有影视文化特色元素的林间剧场、座椅、地面铺装等。

图6-67　怀柔新城滨河森林公园实景（2）

图6-68　怀柔新城滨河森林公园实景（3）

图6-69 怀柔新城滨河森林公园实景（4）

密云新城滨河森林公园

密云新城滨河森林公园位于密云新城潮河及潮白河两岸，总面积约9250亩。潮白河河道治理工程是密云新城滨河森林公园工程的重要组成部分，通过河道治理，有效阻止了河道随意采砂挖沙等行为，一改河道多年来黄土漫沙、沟壑遍布的情景，还原了潮白河的本来面目，河流宽阔、绿水荡漾。潮白河河道治理工程进一步完善了北京河道恢复工程，为密云县的城市环境增添了一道亮丽的风景线，促进周边经济开发区的发展环境得到了进一步的优化。河道两岸的各类树木形成了流淌在新城中的水景长廊，植根在新城中的森林长廊，活跃在新城中的休闲长廊，生长在新城中的文化长廊。公园在密云新城中心增加了60余万株乔灌木，在潮河和潮白河沿岸的堤路两侧形成宽阔的绿色空间，为居民提供了休闲游憩的良好场所。

图6-70 密云新城滨河森林公园效果图

图6-71 密云新城滨河森林
公园实景（1）

图6-72 密云新城滨河森林
公园实景（2）

图6-73 密云新城滨河森林
公园实景（3）

图6-74 密云新城滨河森林
公园实景（4）

图6-75 密云新城滨河森林
公园实景（5）

平谷新城滨河森林公园

平谷新城滨河森林公园位于洵河、洳河沿岸，总面积11045亩。公园充分利用环城水系，通过多种树木的种植，形成独特的"林水绕城"的景观格局，同时，利用特有的桃林，充分展示桃乡特色，建设平谷"山水宜居新城"。公园新增加万亩绿地，进一步满足了平谷50万居民对绿地的需求并且完善平谷的生态景观功能，为平谷居民和北京市民提供新的游览场所。

李清云在《洵河渡》中写道："洵河流千古，云帆漫水来；鸟中鱼儿遁，波涌堤岸拍"，描述洵河曾经的美好景象，公园建设恢复了洵河这条曾经记忆着平谷文明的母亲河，形成林与水的自然生态景观为主，让游客可以亲近。沿河两侧种满了曲曲折折的水生植物，如：荷花、千屈菜、芦苇、鸢尾等，木栈道穿梭其中，水草四面高低远近都是树林，充满了自然的情趣，呈现出一片桃红柳绿青草依依的景象。

图6-76 平谷新城滨河森林公园效果图

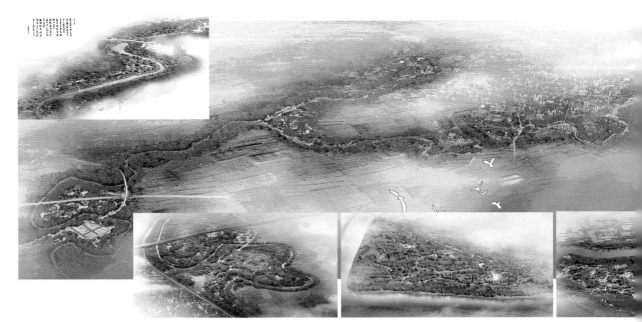

延庆新城滨河森林公园

　　延庆新城滨河森林公园依妫河而建，东西总长18公里，总面积约11137亩。公园秉着以水为轴，以林为体，山水相依，林城共荣、和谐发展的建设理念，着重使水土涵养改良与水源保护相结合，景观丰富与功能多样相结合，自然生态与科普教育结合，打造集生态自然、滨河文化、水岸风情、休闲度假、湿地展示、观光旅游于一体的生态区域。

　　公园四季景色各不相同。春季山花烂漫，夏季万木葱茏，秋季金风飒飒，冬季银装素裹，四季景色美不胜收。在这里，有林水相依的秀美，有山水相连的瑰丽，有林城共荣的俊秀；在这里，有蜿蜒的妫水，有茂密的森林，有古朴的民风，有盎然的野趣；在这里，可泛舟水上，品一杯清茶，亦可穿行林中，寻一份野趣，可驾车缓行，赏林中美景，亦可驻足远眺，望远山奇骏。延庆新城滨河森林公园没有精心雕琢的亭台楼阁，没有现代的娱乐设施，更多的是一两只山雀，三四丛野花，五六尾小鱼，七八户乡野人家，给游人带来的是"久在樊笼里，复得返自然"的惬意。

图6-77　延庆新城滨河森林公园效果图

图6-78 延庆新城滨河森林公园实景（1）

图6-79 延庆新城滨河森林公园实景（2）

图6-80 延庆新城滨河森林公园实景（3）

图6-81 延庆新城滨河森林公园实景（4）

图6-82 延庆新城滨河森林公园实景（5）

图6-83 延庆新城滨河森林公园
实景（6）

图6-84 延庆新城滨河森林公园
实景（7）

门头沟新城滨河森林公园

门头沟区位于北京城区西部，自古有"东望都邑，西走塞上而通大漠"之说。门头沟新城滨河森林公园位于新城南部，总占地面积约10971亩，包括龙口湖森林公园、新城中心公园和定都阁景区三部分，是唯一一座有山有水的新城滨河森林公园。

公园内一座龙口灰场，紧靠新城西部，是门头沟新旧两区的连接地，也城市与山林的交界地。水库周边荒芜、人烟稀少，为提升新城环境品质，门头沟区以公园建设为契机，将龙口水库的生态景观进行恢复，同时完善了定都阁周边的绿化景观。在永定河河道开采沙石有几十年历史，长期的开采形成了长约4公里、深50余米、最宽处达400米的四壁陡峭的超大沙坑。沙坑的植被覆盖不足，遇到大风天气，产生的扬尘可以刮进市区，给中心城带来风沙污染。公园建设将沙坑建成集观景、休憩健身、集雨、防风固沙等多项功能于一身的生态型绿地，有效改善了沙尘污染状况，起到"净化空气，防风降尘，涵养水源"的作用。昔日黄土漫天，沙尘滚滚的门头沟永定大沙坑如今变成门头沟新城最大的中心公园。

图6-85　门头沟新城滨河森林公园效果图

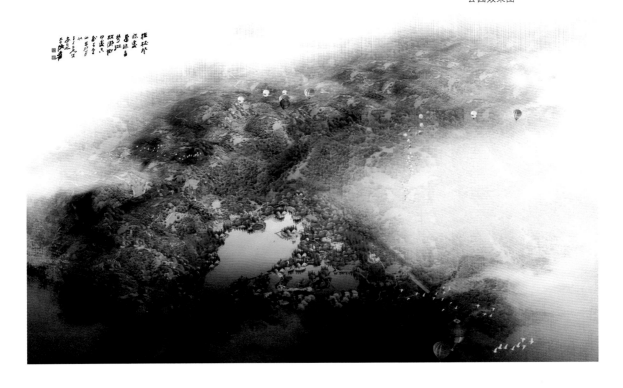

（二）郊野公园

为适应首都城市建设和经济的发展，满足市民日益增长的休闲需求，更好地巩固和提升绿化隔离地区的绿化成果，北京市于2007年启动实施了绿化隔离地区郊野公园环的建设。

1. 总体思路

郊野公园建设是对第一道绿化隔离地区绿地进行近自然化、公园化的改造，重在构建清新和谐、天然野趣、古朴自然、景色优美、环境宜人的以森林自然生态景观为主体的绿色空间，尽量减少建筑规模，严格控制水面面积。建设郊野公园可以拓展城市绿化隔离带功能，提供更多休闲游憩空间，让市民更直接、更具体地享受经济社会发展成果，是政府关注民生的重要体现。

公园建设以落实以人为本科学发展观为指导，坚持政府主导，加大公共财政投入。公园建设遵循以"野"为魂、以"林"为体，因地制宜、自然朴实、健康生态，以满足散步休闲为主，不刻意追求特色和主题，减少人工雕饰为理念。按照"因地制宜、先易后难，突出重点、积极推进"的原则，坚持以人为本，服务大众。切实维护农民利益，正确处理好公园环建设与绿隔规划、经济发展、农民就业增收间的关系。推进生态城市和宜居城市建设，构建和谐社会和首善之区，实现"人文北京、科技北京、绿色北京"的战略构想。

2. 建设目标

按照计划，到2020年，北京市完成郊野公园环建设，共建成郊野公园100个，面积总计约1.1万公顷。形成公园聚集度较高的各具特色的六大公园片区，构成"整体成环，分段成片"的链状集群式结构，最终形成"一环、六区、百园"的空间布局。

3. 主要成就

从2007年到2012年，北京市共建成郊野公园59个，建设总面积约3000公顷，已

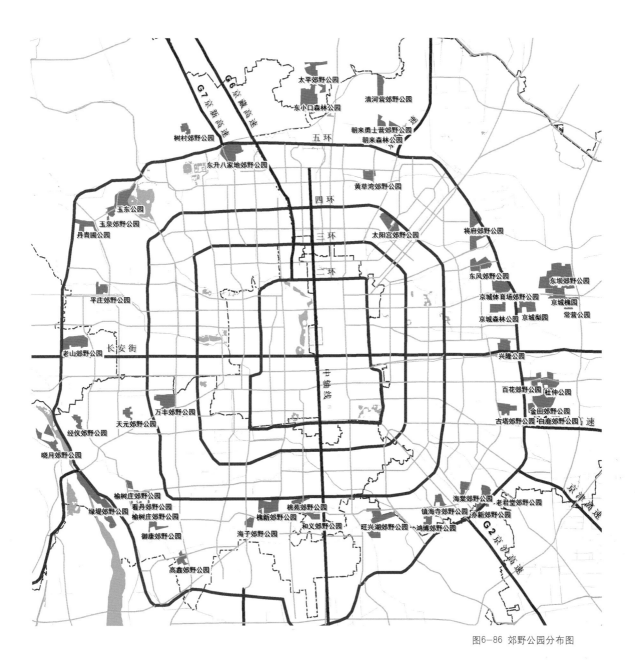

图6-86 郊野公园分布图

全部免费对市民开放。

郊野公园环改善了城乡结合区域的生活环境，提高了人民群众的
生活质量，对周边的经济社会和产业发展起到了极大的带动作用。随着
郊野公园的建设，拆除了城乡结合区域的违章建筑，改变了脏乱差的局
面，转而营造成集绿色休闲娱乐、水景文化休闲、运动健身和蓝色湿地

净化等多功能为一体的生态绿地。郊野公园在建设中进行了积极的探索，如老君堂公园、东小口森林公园通过运用大量野花地被来体现郊野特色；古塔公园、将府花园结合了当地的历史底蕴，赋予了公园新的文化内涵，这些尝试都为公园环今后的建设积累了宝贵的经验。郊野公园大量使用太阳能供电、雨水回收灌溉和污水处理再利用系统，使公园运转既环保又节能。公园内湖水的补充、植被的浇水灌溉均采用污水处理厂处理的中水。公园内道路周围的绿地均低于路面高度，这样有利于收集道路雨水，雨水通过绿地下渗，再通过所有绿地系统所采用的排水盲沟，使雨水迅速渗入地下，补充土壤水和地下水，切实把节能降耗和环保理念落实到郊野公园建设中。

4．典型案例

京城梨园

　　京城梨园位于北京市朝阳区，占地面积62公顷，2008年5月向市民免费开放。公园以梨树景观和戏曲文化闻名遐迩，园内有9处与梨树和梨花有关的景致，"梨花满枝花似雪，千树万树梨花开"为主要景观特色，公园植物群落分为隔离林带、梨花林、以长绿为主的针阔混交林、以落叶为主的针阔混交林和以秋叶树为主的针阔混交林，各种建筑以白色基调点缀其中相互映衬，各级道路环绕园内连贯畅通。公园设有丰富

图6-87 京城梨园实景

图6-88 京城梨园总平面图

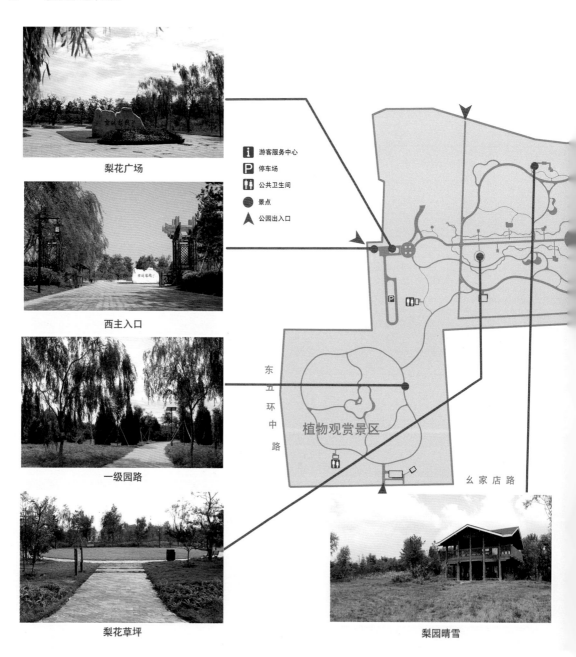

梨花广场

西主入口

一级园路

梨花草坪

梨园晴雪

游客服务中心
停车场
公共卫生间
景点
公园出入口

植物观赏景区

东五环中路

幺家店路

的文体设施供市民锻炼休闲，更有中国传统的戏曲文化让"票友"们流连忘返，将戏曲文化融于自然园林环境之中，是一个以戏曲文化欣赏和普及推广、群众参与表演、健康休闲等为主要内容的公园。

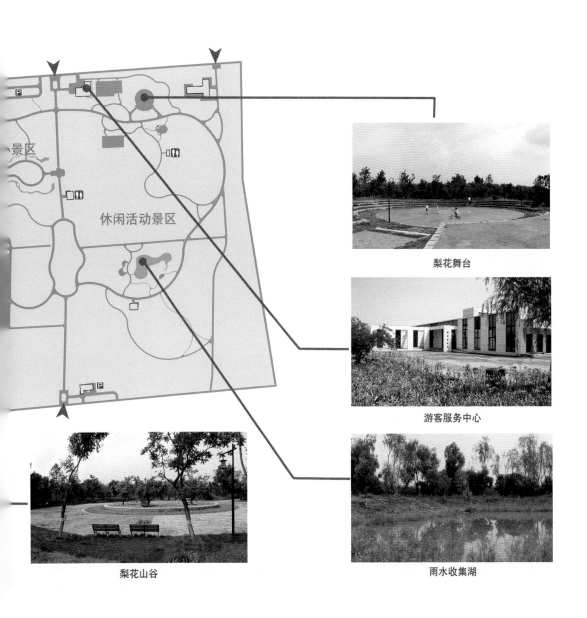

梨花舞台

游客服务中心

梨花山谷

雨水收集湖

古塔郊野公园

古塔公园位于北京市朝阳区，占地面积约56公顷，2008年5月向市民免费开放。公园内有一座始建于1538年的明代十方诸佛宝塔（市级文物），自然风景优美，富有山野情趣，是郊野公园中的精品。在中心湖

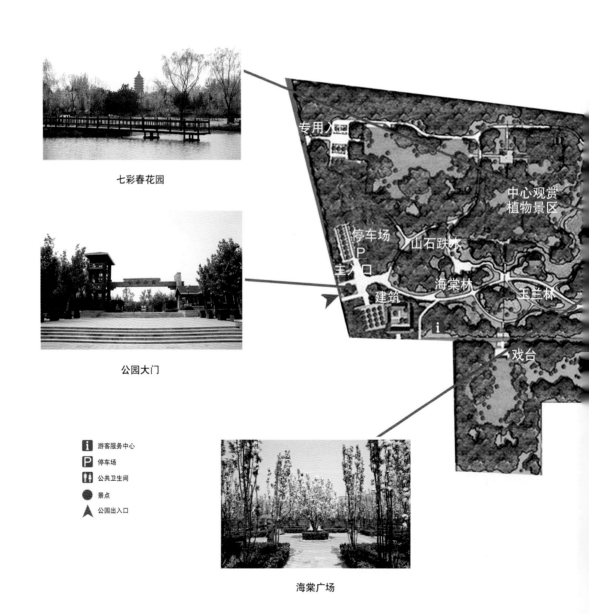

七彩春花园

公园大门

海棠广场

i 游客服务中心

P 停车场

公共卫生间

景点

公园出入口

图6-89　古塔郊野公园总平面图

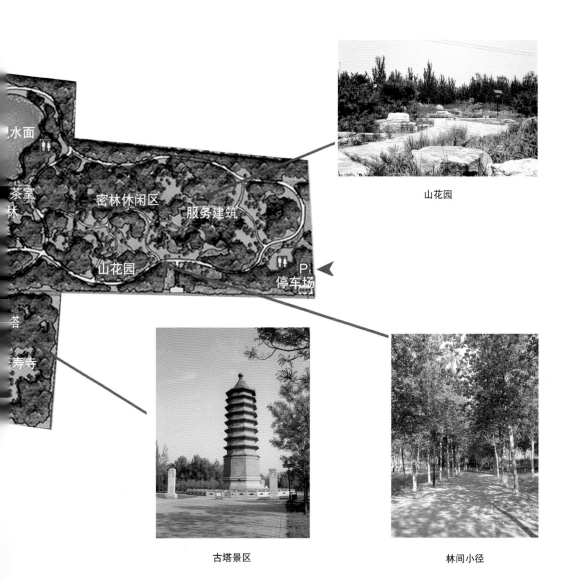

水面

茶室林

密林休闲区

服务建筑

山花园

山花园

古塔景区

林间小径

寿寺

停车场

图6-90 古塔郊野公园实景（1）

图6-91 古塔郊野公园实景（2）

区、西大门区、山花园区及古塔区四个景区内，形成花王台、海棠广
场、亭廊组合、平泉叠水等景观，满足市民游览、观景、休憩、健身等
多方面的需求。

高鑫郊野公园

　　高鑫公园位于北京市丰台区，占地面积约37公顷，2009年5月向市民免费开放。公园内植物资源丰富，野花品种多样，是一个集日常健身、休憩及周末休闲活动为一体的郊野公园，是市民郊游踏青的好去处。

图6-92 高鑫郊野公园总平面图

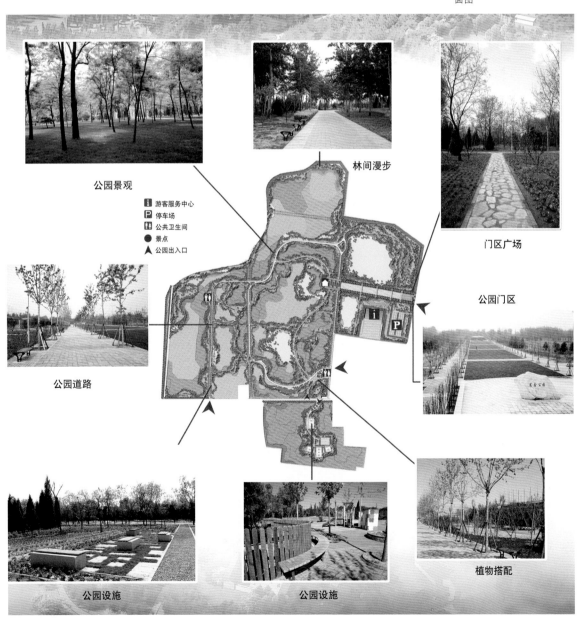

公园景观

林间漫步

门区广场

i 游客服务中心
P 停车场
公 公共卫生间
● 景点
▲ 公园出入口

公园门区

公园道路

公园设施

公园设施

植物搭配

189

图6-93 高鑫郊野公园实景

槐新郊野公园

槐新公园位于北京市丰台区，占地面积90公顷，2010年5月向市民免费开放。公园以大面积的植物景观为主，构建动静结合的生态景观，同时为游人开展休闲、健身、游憩、观赏、科普教育等多种活动提供了绿色空间。

图6-94 槐新郊野公园实景

停车场

公园门区

林间小道

游客服务中心
公共卫生间
小卖部
停车场
景点
公园出入口

儿童乐园

桃花盛开

植物景观

运动健身

图6-95 槐新郊野公园总平面图

玉东郊野公园

　　玉东郊野公园位于北京市海淀区，占地面积65公顷，2008年5月向市民免费开放。公园自然风景优美，富有山野情趣，通过耕织怀古、玉泉因借、翠林小筑、林檎微诚、林疏峰遥、寻芳踏绿、绿野风至和远岫晴原八景设置，形成一幅"岚光翠欲流，林晖清可荐"的疏林风景图，满足市民游览、观景、休憩、健身、采摘等多方面的需求。

图6-96 玉东郊野公园实景

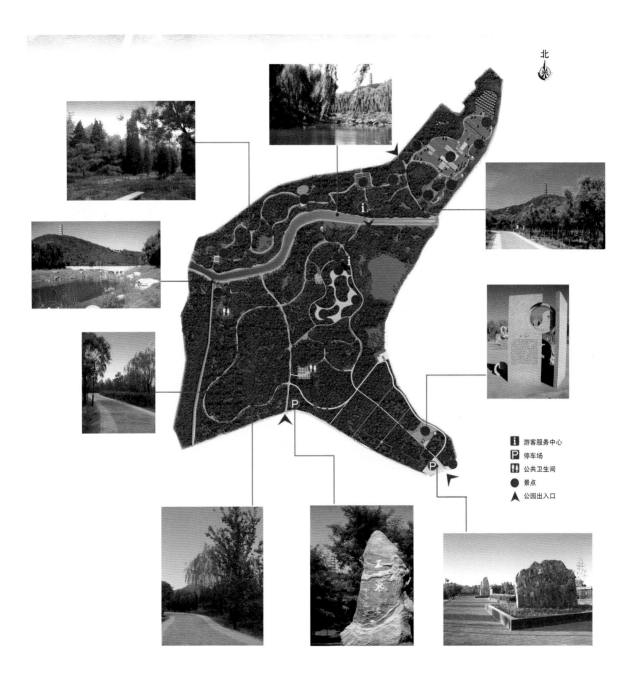

北

　　　i　游客服务中心

　　　P　停车场

　　　公共卫生间

　　●　景点

　　　公园出入口

图6-97 玉东郊野公园总平面图

193

老山郊野公园

老山公园位于北京市石景山区，占地面积79公顷，2009年5月向市民免费开放。公园毗邻奥运小轮车场馆，奥运山地车比赛在此举办，奥运赛道成为公园的纪念标志，永久保留在公园林地之中，公园设计也充

景区景点分布			
1.东南主入口广场	4.科普园	7.西门区入口广场	10.山顶瞭望台
2.景观旱溪	5.景观台	8.配套服务建筑	11.林荫停车场
3.健身休闲区	6.凝聚瞬间景区	9.山地车赛道	12.生态厕所

西南入口：凝聚瞬间景区　　　　　　　　山顶瞭望台

图6-98　老山郊野公园总平面图

山地漫步道

景观旱溪

景观旱溪

公园主入口广场

图6-99 老山郊野公园实景（1）

分体现了体育、健身和休闲元素。公园是城区
中不可多得的自然式山地园林，是石景山地区
最大的一处公园绿地，为市民提供休闲、健身
和防灾避险的场所。

图6-100 老山郊野公园实景（2）

旺兴湖郊野公园

　　旺兴湖公园位于北京市大兴区，总占地面积约128公顷，分两期建设，2009年5月全园向市民免费开放。公园遵循以"野"为魂，以"林"为体，因地制宜，自然朴野，健康生态。公园环境融环境保护和生态观光为一体，为游人提供了一个四季宜人的环境。

图6-101　旺兴湖郊野公园实景

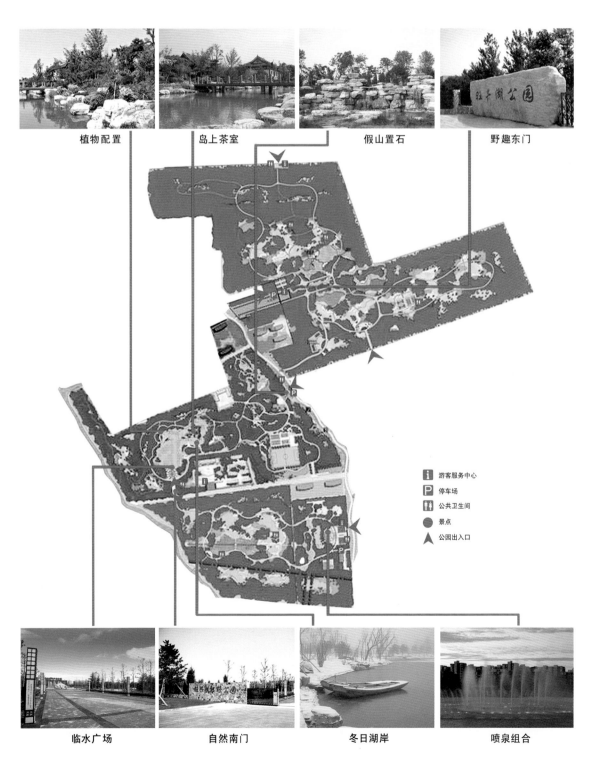

植物配置　　　　岛上茶室　　　　假山置石　　　　野趣东门

　i　游客服务中心

　P　停车场

　　公共卫生间

　●　景点

　▲　公园出入口

临水广场　　　　自然南门　　　　冬日湖岸　　　　喷泉组合

图6-102　旺兴湖郊野公园总平面图

199

东小口郊野公园

　　东小口公园位于北京市昌平区，总占地面积约153公顷，分两期建设，2012年5月全园向市民免费开放。公园集生态、健身、娱乐、休闲、防灾避险五大功能于一体，包括1.2万平方米的人行步道，6000平方米的活动广场和3200多平方米的林荫运动场，配套安装太阳能灯、路灯和小卖部等，修建了篮球场、羽毛球场，为周边天通苑、回龙观等大型社区居民提供了环境优美的绿色活动空间。

图6-103 东小口郊野公园实景

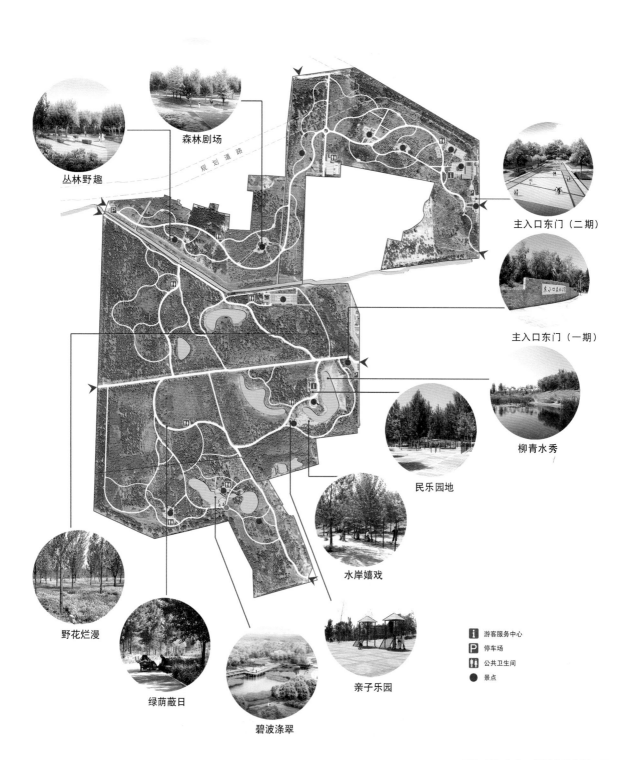

森林剧场

规划道路

丛林野趣

主入口东门（二期）

主入口东门（一期）

柳青水秀

民乐园地

野花烂漫

水岸嬉戏

绿荫蔽日

亲子乐园

碧波涤翠

i 游客服务中心
P 停车场
🚻 公共卫生间
● 景点

图6-104 东小口郊野公园总平面图

201

（三）城市休闲森林公园

  自20世纪80年代开始，因财力有限等方面的原因，政府不能进行有效征地而导致供地不足时，为满足城市化进程需要，由建设单位代替政府征用城市绿化用地。代征绿化用地政策已实行20多年，多数代征绿地分布在北京中心城区，每一处的面积不大，是与建设项目共同征用的绿化用地。

  在中心城区，利用代征绿地建设城市休闲森林公园，主要满足中心城区居民的休闲活动需要，是中心城区居民下楼即到的街边公园，也是市民出行500米见公园绿地的重要保证。城市休闲森林公园建设成为森林走进北京中心城区的有效方式，增加了中心城区的绿地总量，丰富了全市绿化体系层级，又能满足市民就近健身、享受生态休闲的生活需求。

北二环城市休闲森林公园

  北二环城市休闲森林公园位于东城区旧鼓楼大街到雍和宫桥之间，2006年9月对外开放。公园全长2公里、宽25米，占地面积约5.4万平方米，是全市最窄的城市公园。公园建设是实现"绿色奥运"、"人文奥运"的一项重点工程，拆除了不成格局、以"破旧脏乱"闻名的城中村，实施绿化改造。公园的整体设计施工全部按照传统建筑方法进行，许多古建的顶梁柱和部分砖瓦采用旧房拆除所遗留，房屋所用材料和施工工艺全部体现了不同时期、不同风格北京民居的传统风貌，堪称老北京的"民居展览"。

东南二环护城河城市休闲森林公园

  东南二环护城河城市休闲公园位于东城区，以东便门桥为起点，玉蜓桥为终点，由东至南，横跨广渠门桥、光明桥、左安门桥三个桥区。公园已于2010年5月向市民免费开放。

  东护城河以休闲文化为主线，南护城河以自然生态为主线，打造了春和景明、中和韶乐、左安环翠、广渠晴虹、樱棠流霞等景观节点。公园将护城河沿线若干绿化代征地建设和护城河美化相结合，打造了二环内环沿线自然环境优美、文化特色鲜明的景观。

广安门外城市休闲森林公园

广安门外城市休闲森林公园位于西城区莲花河两岸，南起广外大街，北至小马厂路，西起丽水莲花小区东侧，东至广源小区。绿地建设总面积28000平方米。2011年5月已向市民免费开放。公园本着"人与自然相互融合"的设计理念，既发挥了绿地的生态功能，又创造出自然、宁静、愉悦的休憩环境。

图6-105　北二环城市休闲森林公园东城段（1）

图6-106 北二环城市休闲森林
公园西城段（1）

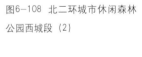

图6-107 北二环城市休闲森林
公园东城段（2）

图6-108 北二环城市休闲森林
公园西城段（2）

图6-109 东南二环护城河城市
休闲森林公园（1）

图6-110 东南二环护城河城市
休闲森林公园（2）

图6-111 东南二环护城河城市
休闲森林公园（3）

图6-112 广安门外城市休闲森
林公园（1）

图6-113　广安门外城市休闲森
林公园（2）

BEIJING
URBAN FORESTS DEVELOPMENT
AND INNOVATION

第四篇

美好未来——城市森林的发展展望

建设城市森林，改善城市生态环境和市民生活质量，实现人与自然的和谐相处，对促进经济社会全面协调可持续发展具有积极的、重要的作用。当前，北京市已经进入到了全面建设中国特色世界城市的新阶段，站在建设世界城市的高度审视首都的发展，需要加快实施"人文北京、科技北京、绿色北京"发展战略，逐步将北京市打造成一个环境优美、生态宜居、具有国际影响力和中国特色的世界城市，实现首都经济社会又好又快发展。发展城市森林是体现首都城市特色，达到高品位、高品质宜居要求的有效途径，也是城市创新发展的重要举措，北京城市

图7-1 北京城市森林规划体系
示意图

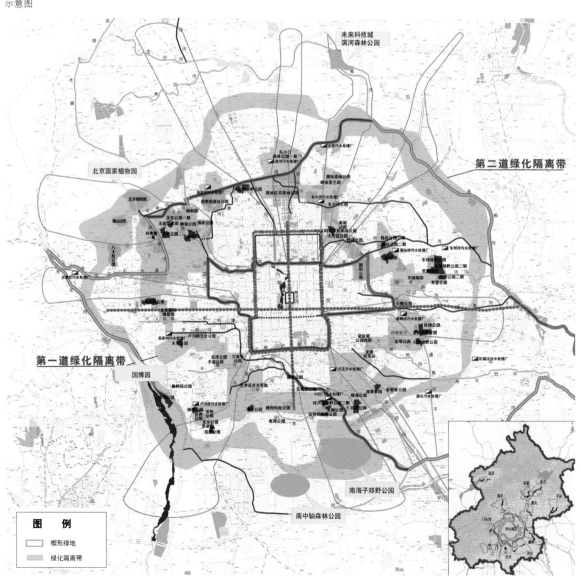

图7-2　城市森林的美好愿景（纽约中央公园）
引自（《景观设计学——场地规划与设计手册》）

森林建设任务任重道远。下一步，北京市将在认真总结建设经验的基础上，继续做好理论研究和实践工作，高标准、高水平、高质量的推进城市森林建设，让森林走进城市。

在建设理念上，一是继续坚持以乔木为主、自然生态。新建绿地注重乔木种植比例，在单位面积内最大限度地增加绿量。二是继续坚持"以林为体、以水为魂、林水相依"。合理规划利用河岸土地，建设观水、亲水、近水的绿色滨水空间，充分发挥林水结合的生态效益。同时，带动河道沿线文化休闲产业发展，提升生态空间的经济价值。

在规划布局上，继续加快大尺度城市森林建设，促进城市空间布局优化调整。重点实施百万亩造林、南中轴森林公园、国家植物园等工

图7-3 城市森林的美好愿景（北京奥林匹克森林公园）

图7-4 城市森林的美好愿景（延庆新城滨河森林公园）

215

程；启动实施绿色通风走廊建设，利用滨水绿带、交通干道两侧绿化带等线性绿地形成绿色通风走廊，连接外围绿色空间，引入新鲜空气；同时，继续利用代征绿地加快城市休闲森林公园建设，达到市民出行500米见公园绿地的目标。

在功能提升上，提升城市森林的服务功能，适应城市发展的需要。加快实施1000公里绿道建设，满足市民慢跑、骑行等休闲健身活动需求；继续对第一道绿化隔离地区片林进行改造，推进100处郊野公园建设，实现由生态景观功能向生态休闲功能转变。同时，积极开展绿地防洪滞洪功能研究。

在资金保障上，进一步加大对城市森林建设投入。在保证财政投入的同时，多元化、多渠道地筹措资金，鼓励社会资本参与城市森林的建设和养护。

绿色是生命的象征，绿色养育着人类，保护着人类的健康，绿色也为下一代提供了生存空间。"咬定青山不放松，立根原在破岩中。千磨万击还坚劲，任尔东西南北风。" 今后，北京市将紧紧围绕 "美丽北京" 和建设中国特色世界城市的目标，一如既往的坚持绿色生态理念，推动城市森林建设发展。通过政府、社会各界和广大市民的共同努力，北京城市森林建设必将迎来新的春天！

图7-5 城市森林的美好愿景（延庆新城滨河森林公园）